Das Europäische Bahnsystem

Corinna Salander

Das Europäische Bahnsystem

Akteure, Prozesse, Regelwerke

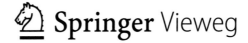

Corinna Salander
Institut für Maschinenelemente
Universität Stuttgart
Stuttgart, Deutschland

ISBN 978-3-658-23495-9   ISBN 978-3-658-23496-6 (eBook)
https://doi.org/10.1007/978-3-658-23496-6

Die Deutsche Nationalbibliothek verzeichnet diese Publikation in der Deutschen Nationalbibliografie; detaillierte bibliografische Daten sind im Internet über http://dnb.d-nb.de abrufbar.

Springer Vieweg
© Springer Fachmedien Wiesbaden GmbH, ein Teil von Springer Nature 2019

Lektorat: Thomas Zipsner

Gedruckt auf säurefreiem und chlorfrei gebleichtem Papier

Springer Vieweg ist ein Imprint der eingetragenen Gesellschaft Springer Fachmedien Wiesbaden GmbH und ist ein Teil von Springer Nature.
Die Anschrift der Gesellschaft ist: Abraham-Lincoln-Str. 46, 65189 Wiesbaden, Germany

Vorwort

Technische Systeme benötigen verbindliche Regeln, um einen sicheren und zuverlässigen Betrieb zu gewährleisten – so auch das Eisenbahnsystem. Dafür sind seit den Anfängen der Bau und Betrieb von Schienenfahrzeugen und -infrastruktur durch Gesetze, Verordnungen, Normen, Branchen- und Firmenrichtlinien geregelt worden. Allerdings hat die Historie der Bahn als Lokal-, Länder- oder Staatsbahnen dazu geführt, dass sich eine Vielzahl von Inselnetzen entwickelt hat, die aus eigenständigen technischen Lösungen und jeweils eigenen Regelwerken bestanden. Diese Abgrenzung wurde durch militärische Interessen vielfach zusätzlich begünstigt.

Gleichzeitig bestand trotzdem bereits früh Interesse seitens der Betreiber und Staaten, die verschiedenen Netze miteinander zu verbinden und überregionale Transportwege für Güter und Personen zu schaffen. Somit war es unerlässlich, zumindest die technischen und betrieblichen Mindestvoraussetzungen für einen netzübergreifenden Verkehr übergeordnet zu regeln. In der Folge besteht das gegenwärtige Regelwerk auch heute noch aus einem internationalen, einem europäischen und einem nationalen, infrastrukturbezogenen Teil und wird auf diesen verschiedenen Ebenen nach wie vor aktualisiert oder erweitert.

Die heutigen gesellschaftlichen Ansprüche an persönliche Mobilität, grenzüberschreitenden Gütertransport, umweltfreundliche Transportmittel und die Wettbewerbsfähigkeit der Schiene gegenüber anderen Verkehrsträgern erfordern jedoch in weit größerem Maße eine stetige Harmonisierung der Infrastrukturen und damit auch der betrieblichen und technischen Regelwerke. In Deutschland und Europa sind daher zunehmend mehr Inhalte des Eisenbahnregelwerks abhängig von den politischen Vorgaben der Europäischen Union, die eine solche Harmonisierung anstrebt. Dies soll letztlich zu einem kontinuierlichen Abbau nationaler Besonderheiten und damit Hindernissen für einen freien Waren- und Reisendenverkehr führen.

Die inhaltliche Erarbeitung des Regelwerks erfolgt im Allgemeinen in Gremien, in denen Mitarbeiter von Betreibern, Herstellern, Wagenhaltern, Behörden und auch anderen Akteuren eingebunden sind, gegebenenfalls auch über ihre jeweiligen Branchenverbände. Damit diese in den Arbeitsgruppen effektiv mitarbeiten können, ist es notwendig, zum einen das bestehende Regelwerk, seine Anwendungsbereiche und seine geplanten Weiterentwicklungen zu kennen und zum anderen die politische Intention der Entscheidungsträger sowie die Rollen der beteiligten Institutionen und deren Entscheidungswege zu durchschauen.

Diese Ausarbeitung führt den interessierten Leser daher von den historischen Anfängen der Regulierung und Harmonisierung des Systems Bahn über die europäischen Prozesse zur Rechtssetzung vor ihrem institutionellen und politischen Hintergrund hin zur Hierarchie der Regelwerksstruktur und schließlich zu den wichtigsten Regelwerksinhalten mit Bezug auf die Schienenfahrzeugkonstruktion und -zulassung sowie den sicheren Bau und Betrieb der Fahrzeuge. Wo dies zum Verständnis notwendig ist, wird auch auf die internationalen außereuropäischen Regelwerke eingegangen.

Abschließend sei noch anzumerken, dass das europäische und nationale Eisenbahnregelwerk nach wie vor einem Veränderungsprozess unterliegt. Dieses Buch spiegelt den Stand vom Juli 2018 wieder. Mit dem vierten Eisenbahnpaket ist aber zunächst einmal ein stabiler Status der politischen Rahmenbedingungen gegeben, so dass die grundsätzlichen Aussagen dieses Buches auch bei Inkrafttreten weiterer Durchführungsverordnungen Ihre Gültigkeit behalten. Ebenso sind sämtliche Internetquellen im Juli 2018 abgerufen worden.

Dieses Buch basiert auf einem Vorlesungsmanuskript, in das auch viele Gedanken und Hinweise von Kollegen und Wegbegleitern eingeflossen sind. Für diese oftmals unbewussten Hilfestellungen möchte ich herzlich danken. Auch danke ich dem Springer Vieweg Verlag für die Möglichkeit der Veröffentlichung des Buches sowie meinem Lektor, Herrn Thomas Zipsner und Frau Ellen Klabunde vom Lektorat Maschinenbau, für die sorgsame Durchsicht.

Corinna Salander   Stuttgart, Juli 2018

Inhaltsverzeichnis

1 Der Aufbau des Bahnsystems

Die unternehmerische und politische Organisation des Bahnsystems hat sich während der nunmehr fast zwei Jahrhunderte seines Bestehens immer an seiner technischen und betrieblichen Struktur orientiert. Die Eisenbahn zeichnet sich grundsätzlich durch Transportgefäße mit mindestens vier Rädern aus, die sich spurgeführt auf Gleisen mit zwei parallel verlaufenden Schienen bewegen. Daraus haben sich im Laufe der Zeit nahezu weltweit ähnliche oder sogar identische Abläufe, Rollen und Aufgaben ergeben, die einen reibungslosen und sicheren Betrieb gewährleisten sollen.

Gleichzeitig hat die zunächst sehr regionale oder auch nationalstaatliche Entwicklung der Eisenbahn zu einer Diversifizierung der technischen Lösungen geführt, teils aus offenem Wettbewerb um die beste Technik, teils aus gezielter militärischer Abgrenzung. Mit dem rasch zunehmenden Erfolg wuchs aber auch der Wunsch nach netz- und grenzüberschreitendem Verkehr, woraus die Notwendigkeit zur technischen Vereinheitlichung sowie Einigung in rechtlichen Fragen folgte. Dies erforderte wiederum zwischenstaatliche Abkommen und die Institutionalisierung von internationalen Verbänden, die das System Bahn bis heute prägen.

Der folgende Blick auf diese historischen Entwicklungen ist die Basis für ein umfassendes Verständnis der aktuellen Strukturen und Prozesse im Bahnsystem der Europäischen Union.

1.1 Die Rollen und Aufgaben von den Anfängen bis heute

Das Zusammenspiel von Fahrzeugen, Infrastruktur, Betrieb und Überwachung der Sicherheit hat im Wesentlichen zu den im Folgenden aufgeführten Rollen und Aufgaben geführt, die unabhängig von den politischen Rahmenbedingungen im Großen und Ganzen überall so definiert werden. Dabei ist es zunächst unerheblich, ob sie innerhalb eines Unternehmens, vielleicht sogar von gleichen Einheiten, oder in verschiedenen Firmen und Behörden wahrgenommen werden. Die heute in der Europäischen Union (EU) geforderte funktionale Trennung der Rollen und Aufgaben auf verschiedene Akteure ermöglicht zwar eine konsequente Anwendung des Vier-Augen-Prinzips innerhalb der betrieblichen, unternehmerischen und behördlichen Prozesse. Sie erhöht aber gleichzeitig die Anzahl an Schnittstellen und damit die Komplexität der Abläufe. Diese funktionale Trennung führt häufig auch zu einer unternehmerischen Trennung. Für Bahnen, die als klassische Staatsbahnen organisiert sind, ist die Zusammenführung verschiedener Rollen im selben Unternehmen nach wie vor der Regelfall.

Eine der drei größten Rollen ist die des **Infrastrukturbetreibers**. Der Betrieb der Infrastruktur kann im modernen Bahnsystem unternehmerisch unabhängig vom Eigentümer der Infrastruktur sein, wobei letzterer dann oftmals für die Vermarktung der Trassen zuständig ist. Der Betrieb umfasst traditionell die ganze Bandbreite von der Fahrplanerstellung über die Fahrdienstleitung bis hin zur übergeordneten Transportleitung. Außerdem können Energieversorgung, Infrastrukturinstandhaltung oder auch das Betreiben von Bahnhöfen und anderen Dienstleistungen eingegliedert oder in eigenen Unternehmen oder Unternehmensteilen angesiedelt werden. In der EU werden diese Bereiche mehr und mehr von spezialisierten Firmen übernommen, die nicht zur jeweils früheren Staatsbahn gehören.

Die zweite große Rolle nehmen die Verkehrsdienstleister ein. Hierzu gehören die **Verkehrsunternehmen**, die im eigenen unternehmerischen oder staatlichen Auftrag oder heutzutage auch aufgrund kommunaler Bestellung Güter oder Reisende befördern. Außerdem gehören seit jeher **Wagenhalter** dazu. Sie verfügen nicht über eigene Traktionsleistung, sondern vermieten ihre Güterwagen und stellen sie in von Verkehrsunternehmen gefahrene Züge ein. Die Güterwagen werden im gesamten technisch jeweils zugänglichen Bereich betrieben und an den entsprechenden Rangierbahnhöfen und Grenzen auch von einem Verkehrsunternehmen an ein anderes übergeben. Lokomotiven können sich heutzutage im Besitz von weltweit agierenden **Leasingfirmen** befinden, die selbst keine Züge fahren. Schließlich ist auch die **Fahrzeuginstandhaltung** Teil der Verkehrsdienstleistung, welche sowohl innerhalb eines Verkehrsunternehmens als auch in externen Unternehmen erfolgen kann. Letzteres nimmt in der EU zu.

C. Salander, *Das Europäische Bahnsystem*, https://doi.org/10.1007/978-3-658-23496-6_1

Die Forderung der EU nach funktionaler Trennung dieser beiden Rollen wird in den Mitgliedstaaten unterschiedlich umgesetzt. Die Modelle reichen von einer gänzlich organisatorischen Trennung von Infrastruktur und Verkehrsunternehmen, wie in den Niederlanden oder im Vereinigten Königreich, bis hin zu integrierten Bahnkonzernen (zum Beispiel in Belgien, Deutschland, Frankreich, Italien oder Polen).

Die **Hersteller** von Bahntechnik sind die dritte große Rolle. Systemhäuser, Zulieferbetriebe und spezialisierte Unternehmen entwickeln, produzieren und vertreiben heutzutage sogar weltweit sowohl Infrastrukturelemente als auch Fahrzeuge und ihre Komponenten. Die Entwicklung der Produkte kann auch durch die Infrastruktur- und Verkehrsunternehmen erfolgen, so dass die Hersteller im Auftrag nach vorgegebenen Lasten- und Pflichtenheften produzieren.

Eine wichtige Aufgabe ist die Überwachung des Bahnsystems in Bezug auf technische und betriebliche Sicherheit der Abläufe, Infrastrukturelemente und des Rollmaterials, diskriminierungsfreien Zugang, Kompetenz der Akteure, Barrierefreiheit, Investitionen etc. Diese nehmen in der Regel Behörden wahr, die eigenständig oder Teil einer Staatsbahn sein können. Die einzelnen Aufgaben können außerdem auf unterschiedliche Behörden aufgeteilt werden, was in der EU für die Überwachung des diskriminierungsfreien Zugangs durch **Regulierungsbehörden** und der technischen und betrieblichen Sicherheit durch die **nationalen Eisenbahn-Sicherheitsbehörden** gegeben ist. Beide Behördenarten sind verpflichtend einzurichten.

Das System Bahn braucht wie jedes technisch und betrieblich komplexe System Regelwerke und aufgrund der öffentlichen Nutzung und des grenzüberschreitenden Betriebs auch gesetzliche Grundlagen. Nationale und internationale **Gesetzgeber**, **Normungsgremien** oder je nach System auch unternehmensinterne Regelwerkssetzer erarbeiten diese und setzen sie fest. Heutzutage verstärkt sich insbesondere die Internationalisierung der Normung. War sie ursprünglich national ausgerichtet und ist dies bei einigen bestimmten netzbezogenen Spezifikationen nach wie vor, so ist sie inzwischen im Wesentlichen kontinental oder auf größere, zusammenhängende Regionen bezogen. Aber auch die weltweite Standardisierung nimmt zu, vor allem von Seiten der Hersteller und der Interessensgruppen getrieben, die damit eine Verbesserung der Wettbewerbsfähigkeit des Systems Bahn erreichen wollen. Von staatlicher Seite kann außerdem noch der Auftrag zur Erbringung von Verkehrsdienstleistungen erfolgen, heutzutage häufig auch durch kommunale **Aufgabenträger**.

Die Einhaltung von Normen und Gesetzen wird grundsätzlich zwar durch Behörden überwacht. Schon mit Beginn der Normung haben aber **Gutachter** diesen Prozess unterstützt. Im heutigen Bahnsystem der EU werden außerdem **Zertifizierungsstellen** und **Prüflabore** eingesetzt, die zwar von den nationalen **Akkreditierungsstellen** akkreditiert werden, aber EU-weit tätig sein dürfen.

Schließlich übernehmen seit jeher auch **Branchenverbände**, **Lobbyisten** und **Gewerkschaften** Aufgaben im System Bahn. Als Interessensvertreter, aber auch als Wissensträger tragen sie sowohl zur technischen Weiterentwicklung als auch zur Regelwerkssetzung bei. Letzteres umfasst sowohl die politischen und unternehmerischen Rahmenbedingungen als auch das technisch-betriebliche Regelwerk. Auf EU-Ebene sind die Branchenverbände zunehmend gut organisiert, um gegenüber den EU-Institutionen Gewicht zu erlangen.

1.2 Zwischenstaatliche Übereinkommen und internationale Verbände

Ein Großteil der zwischenstaatlichen Abkommen und internationalen Verbände, die im Rahmen einer frühen Phase der Globalisierung des Bahnsystems vereinbart wurden oder entstanden sind, haben nach wie vor Gültigkeit, auch wenn sie zum Teil in neue Abkommen oder Verbände überführt wurden. Daher ist es für das Verständnis des heutigen Systemaufbaus notwendig, diese historisch gewachsenen Strukturen sowie ihren Weg in ihre heutige Gestalt zu kennen.

1.2.1 Die Technische Einheit im Eisenbahnwesen

Während es zu Beginn der Eisenbahn Anfang des 19. Jahrhunderts noch darum ging, auf einer bestimmten Strecke mit bestimmten Fahrzeugen fahren zu können, führte bereits Mitte des 19. Jahrhunderts der Bedarf an netz- und grenzüberschreitendem Verkehr vor allem in den deutschen Ländern zu einer übergreifenden

Vereinheitlichung des zugrundeliegenden technischen Regelwerks. So wurde 1846 der „Verein preußischer Eisenbahnverwaltungen" gegründet, der bereits ein Jahr später im „Verein Deutscher Eisenbahnverwaltungen (VDEV)" aufging und zahlreiche Länderbahnen unter einem Dachverband zusammenbrachte.

Für seine Mitgliedsbahnen hat der VDEV seit 1850 ein einheitliches Regelwerk erarbeitet, das ab 1866 als „Technische Vereinbarungen (TV) des Vereins deutscher Eisenbahnverwaltungen über den Bau und die Betriebseinrichtungen der Eisenbahnen" herausgegeben und kontinuierlich weiterentwickelt wurde. Die letzte Fassung von 1930 war bis zum Ende des zweiten Weltkriegs in Kraft. 1932 ist aus dem VDEV der „Verein Mitteleuropäischer Eisenbahnverwaltungen (VMEV)" hervorgegangen, dem die Länder Dänemark, Deutschland, Luxemburg, Niederlande, Österreich, Norwegen, Schweden, Schweiz und Ungarn angehörten. Nach dem zweiten Weltkrieg ist der VMEV aufgelöst worden.

Für die internationale technische Harmonisierung der Bahn hatten der VDEV und seine Technischen Vereinbarungen grundlegende Bedeutung. 1882 berief der Schweizerische Bundesrat die erste „Internationale Konferenz betreffend die **Technische Einheit im Eisenbahnwesen (TE)**" ein, bei der Vertretungen von Deutschland, Frankreich, Italien und Österreich-Ungarn teilnahmen. Die Vorbereitung der Konferenz erfolgte durch den VDEV. Man arbeitete damals zunächst an der Vereinheitlichung der Spurweite und ersten Normen für Fahrzeuge. Die zweite Konferenz 1886 mündete in einem Staatsvertrag über die Entwicklung der Technischen Einheit, dem 1938 schon 20 Länder[1] beigetreten waren.

Die TE sind bis 1988 regelmäßig überarbeitet und um Regelungen für Fahrzeugmaße, Zollvorschriften unter anderem erweitert worden. Ein Arbeitsorgan für die Weiterentwicklung, als institutionalisierte Fortsetzung der Konferenzen, war zunächst nicht vorgesehen. Mit seiner Gründung 1922 hat diese Aufgabe der Internationale Eisenbahnverband (UIC) übernommen, ein weltweiter Zusammenschluss von Eisenbahnunternehmen, der die gemeinsam erarbeiteten Regelwerke als sogenannte UIC-Merkblätter herausgegeben hat. In der EU werden solche Vereinheitlichungen heutzutage weitgehend in Verordnungen und darin genannten Normen festgelegt. Die UIC-Merkblätter werden in die EU-Regelwerke überführt.

Das Bedürfnis nach Standardisierung hat über alle politischen Veränderungen hinaus Bestand. Die TE, genau wie andere Ende des 19., Anfang des 20. Jahrhunderts entstandene zwischenstaatliche oder unternehmensübergreifende Abkommen zur technischen Harmonisierung des Systems Bahn, sind inzwischen in neuere Abkommen übergegangen, welche die aktuelle weltpolitische Lage widerspiegeln. Die Grundlagen über die einheitliche Gestaltung der Infrastruktur sind jedoch seit damals nahezu unverändert beibehalten worden.

1.2.2 Das Zentralamt für den internationalen Eisenbahnverkehr

 Für eine geordnete Zusammenarbeit auf staatlicher Ebene wurde 1893 das *Zentralamt für den internationalen Eisenbahnverkehr* OCTI eingerichtet. Seine Gründung basiert auf Art. 57 des im selben Jahr in Kraft getretenen ersten *Internationalen Übereinkommens über den Eisenbahnfrachtverkehr*, auch erstes Berner Übereinkommen genannt. Zweck dieser Regierungsorganisation war zunächst die Verwaltung der Regelungsbereiche des Abkommens. Zwischen den Weltkriegen kam durch das 1923 geschlossene zwischenstaatliche *Übereinkommen über die internationale Rechtsordnung der Eisenbahnen* die Verwaltung der Regelungen zum internationalen Personen- und Reisegepäckverkehr dazu. Dieses damals von 31 Staaten unterzeichnete Übereinkommen bildet noch heute die Grundlage des internationalen Schienenverkehrsrechts, wobei einige Teile durch neuere Regeln ersetzt wurden. Die Arbeit des OCTI wurde durch drei wesentliche Regelwerke bestimmt:

- **CIV**: Internationales Übereinkommen über die Eisenbahnbeförderung von Personen und Gepäck
  - o Die Rechtsvorschriften des CIV sind in die Fahrgastrechteverordnung der EU übernommen worden
  - o Festlegung verbindlicher Haftungsregeln

---

[1] Belgien, Bulgarien, Dänemark, Deutschland, Frankreich, Griechenland, Italien, Jugoslawien, Luxemburg, Niederlande, Norwegen, Österreich, Polen, Rumänien, Schweden, Schweiz, Tschechien, Slowakei, Türkei, Ungarn.

- **CIM**: Internationales Übereinkommen über die Eisenbahnbeförderung von Gütern
  - o Vorgaben für Frachtverträge und den Inhalt des Frachtbriefs
  - o Festlegung verbindlicher Haftungsregeln

- **RID**: Regelung zur internationalen Beförderung gefährlicher Güter im Schienenverkehr
  - o Der Inhalt des technischen Anhangs des RID entspricht weitestgehend dem ADR (Europäisches Übereinkommen über die internationale Beförderung gefährlicher Güter auf der Straße) und ist in die EU-Richtlinie zur Eisenbahnbeförderung gefährlicher Güter eingegangen.

Am 9. Mai 1980 wurde das **Übereinkommen über den internationalen Eisenbahnverkehr COTIF**, zweites Berner Übereinkommen genannt, unterzeichnet und trat 1985 in Kraft. Darin wurde auch die Gründung der neuen **Zwischenstaatlichen Organisation für den Internationalen Eisenbahnverkehr OTIF** geregelt, in welcher das OCTI aufging. Seit 2006 ist das überarbeitete *COTIF 1999* in Kraft (mit dem Protokoll von Vilnius 1999 verabschiedet).

Zusätzlich zu CIV, CIM und RID entwickelt und verwaltet OTIF jetzt noch folgende Regelwerke:

- **CUV**: Einheitliche Rechtsvorschriften für Verträge über die Verwendung von Wagen im internationalen Eisenbahnverkehr
  - o Haftungsregeln für Schäden an oder Verluste von Wagen

- **CUI**: Einheitliche Rechtsvorschriften für den Vertrag über die Nutzung der Infrastruktur im internationalen Eisenbahnverkehr
  - o Regelungen zum zivilrechtlichen Vertragsverhältnis für den Umgang mit Schienenwegen

- **APTU**: Einheitliche Rechtsvorschriften für die Verbindlicherklärung technischer Normen und für die Annahme einheitlicher technischer Vorschriften für Eisenbahnmaterial, das zur Verwendung im internationalen Verkehr bestimmt ist
  - o Festlegung des Verfahrens, mit dem technische Normen und Vorschriften angenommen werden

- **ATMF**: Einheitliche Rechtsvorschriften für die technische Zulassung von Eisenbahnmaterial, das im internationalen Verkehr verwendet wird
  - o Regelung der technischen Zulassung von Schienenfahrzeugen und Infrastrukturkomponenten
  - o In Übereinstimmung mit EU-Recht (textgleiche Übernahme von EU-Verordnungen)

Der OTIF gehören derzeit 49 Staaten aus Europa, Asien und Nordafrika sowie Jordanien als assoziiertes Mitglied an. Die Mitgliedschaften des Irak und des Libanon ruhen seit 1997 bis zu deren Wiederaufnahme des internationalen Eisenbahnverkehrs.

2011 ist auch die EU der OTIF mit besonderen Regelungen beigetreten. Die EU kann nicht wie ein einzelner Staat Mitglied in den Verwaltungsgremien der OTIF werden, aber sie hat das Recht, an allen Sitzungen und Gremien teilzunehmen. Nimmt sie dieses Recht wahr, können die Mitgliedstaaten der EU nicht mehr gesondert, mit eigener Stimme teilnehmen. Die Stimmenzahl der EU entspricht der Summe der Stimmen ihrer Mitgliedstaaten.

1.2.3 Der Internationale Eisenbahnverband

Der **Internationale Eisenbahnverband UIC** ist in Folge der Friedensbestrebungen nach dem ersten Weltkrieg als gemeinnütziger Verein unter französischem Recht gegründet worden. Sein organisatorisches Vorbild war der VDEV. Die Aufgaben der UIC wurden auf der Gründungskonferenz am 17. Oktober 1922 formuliert als *creation of a permanent rail administration focusing on international traffic for the standardisation and improvement of conditions of railway construction and operations*, also eines Verbandes, der sich auf die Standardisierung und Verbesserung der Bedingungen für den internationalen Eisenbahnbau und -betrieb konzentriert. Wie bereits beschrieben wurde jedoch die Weiterentwicklung der TE, also die technische Standardisierung des Systems Bahn und die Veröffentlichung der

Regelungen in den **UIC-Merkblättern**, schnell eine der Hauptaufgaben der UIC. Die Gesamtheit der UIC-Merkblätter wird **UIC-Kodex** genannt. Mitglieder der UIC waren schon immer einzelne Bahnen, nicht Staaten. Daher startete der Verband mit 51 Mitgliedern aus 29 Ländern, einschließlich Japan und China. Nach kurzer Zeit sind auch die Bahnen der UdSSR, des Mittleren Ostens und Nordafrikas beigetreten. Im Grunde haben diese Ziele die Zeit überdauert, wenn auch die Federführung der technischen Harmonisierung in Europa an die EU abgegeben wurde.

Heute ist die UIC ein Verband mit 195 Mitgliedsbahnen (Abbildung 1), der im Auftrag seiner Mitglieder weltweit deren Interessen vertritt, für die Kooperation zwischen den Akteuren der Branche eintritt und zwischen den internationalen Standardisierungsgremien vermittelt.

Die Organisation der UIC besteht aus einer Verwaltung am Hauptsitz in Paris, den strategischen Mitgliedergremien und fachlichen, je nach Auftrag ständigen oder zeitlich begrenzten Arbeitsgruppen. Die Finanzierung erfolgt aus den Mitgliedsbeiträgen sowie dem Verkauf der Merkblätter und anderer Veröffentlichungen. Projektbezogen können auch staatliche, zwischenstaatliche oder Mittel anderer Organisationen zufließen. Derzeit organisiert die UIC ungefähr 55 Arbeitsgruppen, die sich etwa mit technischen Fragestellungen zu Lärmreduzierung, Bremsverhalten, Energieeffizienz oder dem mobilen Zugfunk genauso wie mit Fragen zum Asset Management[2] oder zu Safety und Security[3] befassen.

Associate Members = Bahnen mit einem Geschäftsvolumen unterhalb einer von der UIC Generalversammlung festgelegten Grenze
Affiliate Members = Unternehmen der Regional- und Stadtverkehre oder mit bahnbezogenen Aktivitäten

Abbildung 1: Mitgliederstruktur der UIC (© UIC)

1.2.4 Die internationalen Wagenabkommen

Neben den im COTIF direkt eingebundenen Übereinkommen und Rechtsvorschriften gibt es noch weitere wichtige Abkommen, mit denen der Austausch von Wagen im internationalen Verkehr geregelt wird.

Abkommen für Personenwagen

Für **Personenwagen** ist dies die *Vereinbarung über den Austausch und die Benutzung der Reisezugwagen im internationalen Verkehr* (RIC). Um einen Wagen in einen beliebigen Zugverband einstellen zu können, unabhängig vom jeweils für den Zug verantwortlichen Verkehrsunternehmen, muss eine bestimmte technische

---

[2] Asset management = Verwaltung, Instandhaltung und Erneuerung der Infrastruktureinrichtungen
[3] Safety = technische und betriebliche Sicherheit; Security = Personen- und Objektschutz

Ausrüstung vorhanden sein, die im RIC festgelegt ist. Zugehörige Wagen führen als Wagenan-
schrift im sogenannten RIC-Raster das RIC-Sym-
bol sowie links davon die zulässige Höchstge-
schwindigkeit und Informationen zur Fährentauglichkeit (Ankersymbol) und zu Span-

Abbildung 2: Beispiel für ein RIC-Raster

nungs- und Stromwerten für die Zugsammelschiene (Abbildung 2). Die kontinuierliche technische Weiterentwicklung und die damit veränderten Anforderungen an die Wagen haben auch zu einer stetigen Weiterentwicklung des Regelwerks geführt.

Die Vereinbarung wurde 1922 zwischen den europäischen Staatsbahnen getroffen und bis 1982 von den
Schweizerischen Bundesbahnen SBB betreut. Seitdem betreut die UIC das RIC mit einem eigenen Sekretariat.
Um den aktuellen politischen Rahmenbedingungen mit veränderter Struktur und Verantwortlichkeiten ge-
recht zu werden, ist das RIC 2014 in einen multilateralen Vertrag zwischen Verkehrsunternehmen und Wa-
genhaltern für den gegenseitigen Gebrauch der Wagen umgewandelt worden. Derzeit hat der RIC-Vertrag 45
Partner aus Europa.

Im Jahr 2017 haben zwölf RIC-Mitglieder die zusätzliche Vereinbarung RIA geschlossen, mit welcher der Austausch von Triebwagen geregelt wird.

Abkommen für Güterwagen

Für **Güterwagen** galt bis 2006 die *Vereinbarung über den Austausch und die Benutzung der Güterwagen im
internationalen Verkehr* (RIV). Wie das RIC ist auch das RIV 1922 vereinbart worden und hat die grundlegenden technischen und vertraglichen Bedingungen für austauschfähige Güterwagen festgelegt, die sich unter
anderem aus den Anforderungen des ersten Berner Abkommens ergeben hatten.

Am 1. Juli 2006 ist das RIV durch den *Allgemeinen Vertrag für die Verwendung von Güterwagen* (AVV) abgelöst bzw. darin überführt worden. Im AVV werden tech-

31	RIV		32	RIV		33	RIV
80	D-DB		80	D-BASF		84	NL-ACTS
0691 235-2			7369 553-4			4796 100-8	
Tanoos			Zcs			Slpss	

23	TEN		31	TEN - RIV		33	TEN
80	D-DRFC		80	D-DB		84	NL-ACTS
7369 553-4			0691 235-2			4796 100-8	
Zcs			Tanoos			Slpss	

*Abbildung 3: Beispiele für Anschriften zur Halter-
kennzeichnung an Güterwagen (AVV, Anlage 11)*

nische und Instandhaltungsanforderungen geregelt, vor
allem aber Haftungs- und Entschädigungsbedingungen,
und auch Form und Inhalt des Wagenbriefs sowie die
verschiedenen Wagenanschriften. Nach wie vor steht
das RIV-Symbol in der Anschrift zur Halterkennzeichnung
für die internationale Einsetzbarkeit (Abbildung 3). Es
wird aber bei Neuwagen durch das TEN-Symbol ersetzt,
wodurch die Zulassung des Wagens nach neuem europäischem Regelwerk gekennzeichnet wird. Weitere Anschriften an Güterwagen benennen die Revisionsfristen,
die Lastgrenzen und zugehörige Höchstgeschwindigkei-
ten, Informationen zur Beladung und Fährentauglichkeit,
zur Bauweise, Bremsart und Ablaufbergtauglichkeit.

Der AVV ist wie das neue RIC ebenfalls ein multilateraler Vertrag, dem zur Zeit 674 Wagenhalter und Verkehrsunternehmen als Unterzeichner angehören. Er wurde 2006 von den Verbänden UIC, ERFA und UIP gegründet (letztere siehe Abschnitt 4.3.1), die gemeinsam das Vertragsbüro unterhalten.

1.2.5 Die Organisation für die Zusammenarbeit zwischen Eisenbahnen

 Die **Organisation für Zusammenarbeit zwischen Eisenbahnen OSShD** (oder auch OSJD) ist erst
in den frühen 1950er Jahren während des kalten Krieges im Einflussbereich der damaligen
UdSSR gegründet worden. Bis zur Wiedervereinigung war Deutschland durch die DDR vertreten
und ist seitdem Beobachter geblieben. Die Aufgaben der OSShD waren vergleichbar mit denen

des OCTI in Bezug auf die Verwaltung der Zusammenarbeit der Staatsbahnen. Zusätzlich diente sie ihren Mitgliedstaaten und den zugehörigen Staatsbahnen auch als Normungsgremium.

Vor dem Zusammenbruch der UdSSR fand trotz der Überschneidungen der Mitgliedschaft in der OSShD und den älteren Organisationen OCTI/OTIF und UIC nur eine sehr eingeschränkte Zusammenarbeit statt. Um widersprüchliche Festlegungen in Verträgen oder der Normung zu vermeiden, kooperieren die Organisationen mittlerweile sehr eng. Da viele der ehemaligen Ostblockstaaten inzwischen Mitglied der EU sind, arbeiten auch diese beiden Organisationen eng zusammen.

Der OSShD gehören heutzutage 28 Mitgliedsstaaten an, die durch die sogenannte Ministerkonferenz vertreten werden. Die Generaldirektoren von 26 Bahnen aus diesen Ländern bilden die Generaldirektorenkonferenz und gemeinsam bilden beide Konferenzen den Verwaltungsrat. Außerdem nehmen noch sieben Staaten als Beobachter an den Aktivitäten teil, vertreten durch die Generaldirektoren bzw. Vorstandssprecher der früheren Staatsbahnen (unter anderem DB AG). Und schließlich sind noch die Vertreter von über 40 Firmen und Institutionen der Bahnbranche als Partner in den Arbeitsgruppen vertreten.

1.2.6 Die Europäische Wirtschaftskommission der Vereinten Nationen

 Die **Europäische Wirtschaftskommission der Vereinten Nationen (United Nations Economic Commission for Europe UNECE)** ist 1947 als eine von fünf weltweiten Wirtschaftskommissionen der ECOSOC[4] gegründet worden. Ihr Auftrag ist die Förderung einer gesamteuropäischen wirtschaftlichen Integration und Zusammenarbeit ihrer 56 Mitgliedstaaten aus Europa, Nordamerika und Asien. Mehr als 70 Branchenverbände und andere Nichtregierungsorganisationen beteiligen sich an den UNECE-Aktivitäten.

Für den Verkehrsbereich hat die UNECE das *Inland Transport Committee (ITC)* eingerichtet. In diesem zwischenstaatlichen Forum erarbeiten und verabschieden die Mitgliedstaaten gemeinsame Rechtsmittel für die wirtschaftliche Zusammenarbeit in Bezug auf die Verkehrsbereiche, zum Beispiel die Vereinheitlichung von Frachtbriefen für den internationalen Güterverkehr.

1.3 Quellen und weiterführende Literatur

Die nach wie vor gültige Version der TE auf dem Portal der Schweizer Regierung und des Bundesrates: https://www.admin.ch/opc/de/classified-compilation/19380076/index.html

Homepage der OTIF: http://www.otif.org/

Homepage der UIC: http://www.uic.org/

UIC-Website für RIV/RIA: https://uic.org/ric-a

Homepage des Vertragsbüros des AVV: http://www.gcubureau.org/contract

Homepage der OSJD: http://www.en.osjd.org

Homepage der UNECE: http://www.unece.org/

---

[4] ECOSOC = UN Economic and Social Council, gegründet 1945 als eine der sechs Hauptorgane der Vereinten Nationen

2 Akteure und Prozesse der Europäischen Union

Die Eisenbahn in der EU basiert zwar auf den eingangs beschriebenen historischen Entwicklungen, sie ist aber in ihrer aktuellen Ausgestaltung stark vom Selbstverständnis und den Institutionen der EU selbst geprägt. Daher werden in aller gebotenen Kürze im Folgenden die wesentlichen Akteure, Rechtssetzungsprozesse und marktwirtschaftlichen Prinzipien eingeführt, welche das System Bahn beeinflussen. Mit diesen Mitteln soll es seinen Teil zum Auftrag der EU beitragen, den Bürgern eine freizügige Mobilität zu ermöglichen.

2.1 Organe und Einrichtungen

Die EU verfügt über sieben rechtssetzende Organe und verschiedene weitere Einrichtungen mit beratendem, umsetzendem oder auch unterstützendem Charakter. Die rechtssetzenden Organe fassen politische Beschlüsse und sorgen auch für deren rechtliche Umsetzung. Zu ihnen zählen, neben dem Gerichtshof der Europäischen Union, der Europäischen Zentralbank und dem Europäischen Rechnungshof,

- **der Europäische Rat** (EC): oberste politische Institution der EU, bestehend aus den Staats- und Regierungschefs der Mitgliedstaaten, gibt die allgemeine politische Richtung vor

- **der Rat der Europäischen Union**: Vertretung der Regierungen der Mitgliedstaaten (daher auch Ministerrat genannt), verabschiedet Rechtsvorschriften und den Haushalt, ratifiziert internationale Verträge (i.a. gemeinsam mit dem Europäischen Parlament)

- **das Europäische Parlament** (EP): für jeweils fünf Jahre gewählte Vertretung der EU-Bürger, verabschiedet Rechtsvorschriften, ratifiziert internationale Verträge (i.a. gemeinsam mit dem Parlament)

- **die Europäische Kommission** (COM): Exekutivorgan der EU, alleiniges Vorschlagsrecht für neue Rechtsvorschriften, Sicherstellung der Umsetzung und Einhaltung der EU-Rechtsvorschriften in den Mitgliedstaaten, Verwaltung der Haushaltsmittel, Mitglieder sind vom Parlament bestätigte Kommissare und Kommissarinnen sowie Kommissionspräsident(in) und Hohe(r) Vertreter(in) der EU für Außen- und Sicherheitspolitik, unterstützt durch derzeit 31 Generaldirektionen, 16 Dienste und über 50 Agenturen und andere Einrichtungen sowie etliche öffentlich-private Partnerschaften.

Rat, Parlament und Kommission teilen sich die Rechtsetzungsgewalt und spielen somit die entscheidende Rolle in der Eisenbahngesetzgebung der EU. Im Rahmen der Gesetzgebungsprozesse werden zusätzlich der Europäische Wirtschafts- und Sozialausschuss sowie der Ausschuss der Regionen gehört.

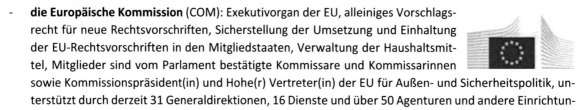

Die Vorbereitung der Eisenbahngesetzgebung fällt in den Geschäftsbereich der **Generaldirektion Mobilität und Verkehr** (DG MOVE), die in ihrer Arbeit wie bei der Kommission üblich, von einer Agentur, nämlich der **Eisenbahnagentur der Europäischen Union** (früher European Railway Agency, nach wie vor mit ERA bezeichnet) mit Sitz in Valenciennes, Frankreich, unterstützt wird. Die Aufgaben einer Agentur sind im Grundsatz in ihrer jeweiligen Gründungsvorordnung festgelegt und werden von der Kommission durch themenbezogene Mandate detailliert und definiert. Weitere Unterstützung erfolgt durch die in Brüssel angesiedelte **Exekutivagentur für Innovation und Netze** (INEA). Zu ihren Aufgaben gehört unter anderem die Weiterentwicklung der transeuropäischen Netze für den Verkehr (TEN-T, vgl. Abschnitt 8.1).

Zur Förderung der Eisenbahnforschung ist 2014 das Joint Undertaking **Shift2Rail** gegründet worden. In dieser gemeinsamen Forschungs- und Technologieinitiative von EU und Bahnbranche engagieren sich über 130 Firmen und Institutionen, um ein künftiges Eisenbahnsystem mit um mindestens 50% reduzierten Lebenszykluskosten sowie verdoppelter Kapazität und mehr als 50% erhöhter Zuverlässigkeit und Pünktlichkeit zu entwickeln.

© Springer Fachmedien Wiesbaden GmbH, ein Teil von Springer Nature 2019
C. Salander, *Das Europäische Bahnsystem*, https://doi.org/10.1007/978-3-658-23496-6_2

Dafür werden fünf Innovationsprogramme

- IP1: *Cost-efficient and reliable trains, including high capacity trains and high speed trains* (rentable und zuverlässige Züge, einschließlich hochausgelasteter Zubringer- und Hochgeschwindigkeitsverkehre)
- IP2: *Advanced traffic management & control systems* (modernes Verkehrsleit- und -sicherungssystem)
- IP3: *Cost-efficient and reliable high capacity infrastructure* (rentable und zuverlässige, hochausgelastete Infrastruktur)
- IP4: *IT-solutions for attractive railway services* (IT-Lösungen für attraktive Bahnangebote)
- IP5: *Technologies for sustainable & attractive European Freight* (Technologien für nachhaltigen und attraktiven europäischen Güterverkehr)

und sieben Querschnittsaufgaben (*Cross Cutting Activities*) bearbeitet. Letztere befassen sich mit den übergreifenden Themen Energieeffizienz, Lärmemission, multi-modale Logistikketten, Safety Management und generelle Zukunftsherausforderungen für den Eisenbahnverkehr.

2.2 Rechtsmittel

Die Eisenbahngesetze der EU gehören zu den sekundären Rechtsvorschriften und leiten sich somit von in den primären, völkerrechtlichen Grundlagenverträgen festgelegten Grundsätzen und Zielen ab.

Das Sekundärrecht wird über verschiedene Arten von Rechtsakten verwirklicht, die sich in ihrer Verbindlichkeit und ihrem Adressatenkreis unterscheiden. Aus diesen Gesetzen ergeben sich nicht nur für die Mitgliedstaaten, sondern auch für Bürger und Unternehmen Rechte und Pflichten, die teilweise unmittelbar gelten. So ist das europäische Recht untrennbarer Teil des Rechtssystems der Mitgliedstaaten, die vor allem für die Umsetzung und ordnungsgemäße Anwendung der gemeinschaftlichen Vorschriften Verantwortung tragen.

Das Entscheidungsverfahren für die **Rechtsakte** ist das sogenannte **Ordentliche Gesetzgebungsverfahren**, früher *Mitentscheidungsverfahren*. Die Kommission arbeitet dafür Vorschläge für Rechtsvorschriften aus, die von Parlament und Rat im Laufe von maximal drei Lesungen gebilligt werden müssen. Für die Durchsetzung der Rechtsakte und die Überwachung der Umsetzung ist dann wieder die Kommission zuständig.

2.2.1 Die Rechtsakte und ihre Umsetzung in nationales Recht

Rechtsakte werden grundsätzlich von Rat, Parlament und Kommission erarbeitet, die sich die Rechtsetzungsgewalt teilen. Stellungnahmen können zusätzlich auch vom Ausschuss der Regionen und dem Europäischen Wirtschafts- und Sozialausschuss abgegeben werden. Alle Rechtsakte werden in die 24 Amtssprachen übersetzt und können über die vom Europäischen Amt für Veröffentlichungen unterhaltene Homepage EUR-Lex online abgerufen werden. Im Einzelnen handelt es sich um

- **Richtlinie**: Legt ein Ziel fest, das alle EU-Länder verwirklichen müssen. Die konkrete Umsetzung in nationales Recht passt jeder Mitgliedstaat aber seinem eigenem Verständnis an. In jeder Richtlinie ist der Zeitpunkt angegeben, bis zu dem die Umsetzung erfolgt sein muss.

- **Verordnung**: Verbindlicher und unmittelbar anzuwendender Rechtsakt, den alle EU-Länder ohne weitere Interpretationsmöglichkeiten in vollem Umfang umsetzen müssen. Der Zeitpunkt des Inkrafttretens wird im Amtsblatt angegeben.

- **Beschluss**: Verbindlicher und unmittelbar anzuwendender Rechtsakt für einen betroffenen Adressatenkreis (zum Beispiel ein EU-Land, eine Behörde oder ein einzelnes Unternehmen).

- **Empfehlung**: Möglichkeit für die Institutionen, ihre Ansichten zu äußern und Maßnahmen vorzuschlagen, ohne denjenigen, an die sich die Empfehlung richtet, eine rechtliche Verpflichtung aufzuerlegen.

- **Stellungnahme**: Möglichkeit für die Institutionen, den Ausschuss der Regionen sowie den Wirtschafts- und Sozialausschuss, in unverbindlicher Form und ohne rechtliche Verpflichtung für die Adressaten sich zu einem Sachverhalt zu äußern.

Bei den verbindlichen Rechtsakten handelt es sich um sogenannte Basisrechtsakte. In diesen kann festgelegt sein, dass die Notwendigkeit zu einheitlichen Durchführungsbestimmungen besteht und dass Durchführungsrechtsakte von der Kommission vorbehaltlich einer Kontrolle durch die Mitgliedstaaten erlassen werden. Ebenfalls festgelegt wird, dass die Kontrolle der Durchführungsbefugnisse der Kommission durch die Mitgliedstaaten entweder durch ein Beratungs- oder durch ein Prüfverfahren (siehe Abschnitt 2.2.3) erfolgt. Daneben erarbeitet die Kommission auch sogenannte delegierte Rechtsakte, die ohne die Kontrolle durch die Mitgliedstaaten veröffentlicht werden. Dazu wird sie von Rat und Parlament im Fall nicht wesentlicher Bestimmungen beauftragt, die jedoch trotzdem eine EU-weit einheitliche Regelung erfahren sollen.

Die Rechtsakte der EU sind Artikelrechtsakte. Sie beginnen mit dem Titel und dem Erlasser sowie den Erwägungsgründen. Letztere vermitteln den Adressaten Ideen, Prinzipien und Ziele, die mit dem Rechtsakt verfolgt werden sollen. In den ersten Artikeln werden im Regelfall der Gegenstand, Anwendungsbereich und Begriffsbestimmungen dargelegt. Nach den inhaltlichen Festlegungen folgen am Ende Übergangsbestimmungen, Aufhebungen anderer Rechtsakte, Adressaten und die Daten des Inkrafttretens. Anhänge können die inhaltlichen Artikel ergänzen.

Umsetzung und korrekte Anwendung der EU-Rechtsakte werden von der Kommission zur Gewährleistung der Konformität überwacht. Sie gibt jährlich einen Bericht über die Ergebnisse ihrer Ermittlungen heraus. Die Mitgliedstaaten müssen die Umsetzungsmaßnahmen bekanntgeben, damit die Kommission überprüfen kann, ob die vom Rechtsakt geforderten Ziele damit auch tatsächlich erreicht werden können. Versäumen es die Mitgliedstaaten, ihre Umsetzungsmaßnahmen rechtzeitig mitzuteilen, erweisen sich diese bei der Prüfung als unvollständig oder gibt es sogar einen Verstoß gegen das EU-Recht, kann die Kommission ein **Vertragsverletzungsverfahren** (*Infringement Procedure*) gemäß Art. 258[5] AEUV (Vertrag über die Arbeitsweise der Europäischen Union, engl. TFEU = Treaty on the Functioning of the European Union) einleiten. Der Verfahrensablauf sieht zunächst jedoch eine frühzeitige, außergerichtliche Lösung vor, in dem das Problem im Rahmen eines strukturierten Dialogs (genannt EU-Pilot) mit dem Mitgliedstaat ausgeräumt und dadurch ein förmliches Vertragsverletzungsverfahren vermieden werden soll. Kommt es jedoch zu keiner Einigung, kann die Kommission das Verfahren so einleiten, wie es im EU-Vertrag vorgesehen ist.

2.2.2 Das ordentliche Gesetzgebungsverfahren

Das ordentliche Gesetzgebungsverfahren, mit dem auch die Eisenbahnrechtsakte beschlossen werden, besteht aus höchstens sieben Schritten. Im ersten Schritt **erarbeitet die Kommission einen Gesetzgebungsvorschlag** aus eigener Initiative oder auf die Aufforderung anderer EU-Organe bzw. -Länder hin oder nach einer Bürgerinitiative, oft auch nach öffentlichen Anhörungen. Der endgültige Vorschlag wird gleichzeitig dem Europäischen Parlament, dem Rat und den nationalen Parlamenten und in einigen Fällen dem Ausschuss der Regionen und dem Wirtschafts- und Sozialausschuss zugeleitet. Dann folgt die **erste Lesung des Parlaments**. Ein parlamentarischer Ausschuss bereitet einen Standpunkt mit allen Änderungsanträgen der Parlamentarier vor, den das Parlament verabschiedet und an den Rat übermittelt. In der **ersten Lesung des Rates** legt dieser seinen eigenen Standpunkt auf Basis des Parlamentsberichts fest. Akzeptiert der Rat den Parlamentsstandpunkt, ist der Rechtsakt angenommen und das Verfahren beendet.

Hat der Rat einen abweichenden Standpunkt geht dessen Bericht wiederum an das Parlament. In der dann folgenden **zweiten Lesung des Parlaments** wird der Ratsbericht diskutiert. Das Parlament hat dafür drei Monate Zeit. Billigt es den Standpunkt des Rates oder trifft es innerhalb der Frist keine Entscheidung, ist der Rechtsakt angenommen und das Verfahren beendet. Auch wenn das Parlament des Ratsstandpunkt zu diesem Zeitpunkt ablehnt, ist das Verfahren beendet, der Rechtsakt aber nicht angenommen.

---

[5] *Hat nach Auffassung der Kommission ein Mitgliedstaat gegen eine Verpflichtung aus den Verträgen verstoßen, so gibt sie eine mit Gründen versehene Stellungnahme hierzu ab; sie hat dem Staat zuvor Gelegenheit zur Äußerung zu geben. Kommt der Staat dieser Stellungnahme innerhalb der von der Kommission gesetzten Frist nicht nach, so kann die Kommission den Gerichtshof der Europäischen Union anrufen.*

Schlägt das Parlament Änderungen am Standpunkt des Rates vor, gehen diese in die **zweite Lesung des Rates**. Nun hat der Rat wiederum drei Monate Zeit, um den Parlamentsstandpunkt zu prüfen. Billigt der Rat die Änderungen, ist der Rechtsakt angenommen und das Verfahren beendet. Zu diesem Zeitpunkt werden die meisten Vorschläge verabschiedet.

Gibt es keine Einigung, beginnt das **Vermittlungsverfahren**, das innerhalb von zwölf Wochen beendet sein muss. Ein Ausschuss, paritätisch mit Mitgliedern des Parlaments und Vertretern des Rates besetzt, muss über einen gemeinsamen Entwurf basierend auf beiden Standpunkten aus zweiter Lesung entscheiden. Vermittelnde Vorgespräche dazu können unter Beteiligung der Kommission als Trilog geführt werden. Billigt der Ausschuss diesen Entwurf wieder nicht, wird der Vorschlag hinfällig und das Verfahren ist beendet.

Billigt der Ausschuss den Entwurf, wird er an Parlament und Rat gleichzeitig zur **dritten Lesung** übermittelt. Innerhalb von sechs Wochen muss der Text ohne Änderungen akzeptiert werden, damit der Gesetzgebungsvorschlag angenommen wird. Wenn einer oder beide ihn ablehnen oder nicht rechtzeitig reagieren, wird der Rechtsakt hinfällig, und das Verfahren ist ebenfalls beendet.

Wird das Verfahren zu irgendeinem Zeitpunkt ohne Annahme des Vorschlags beendet, kann ein neues Verfahren nur auf Basis eines neuen Vorschlags der Kommission eingeleitet werden.

2.2.3 Kontrolle der Durchführungsbefugnisse durch die Kommission (Ausschussverfahren)

Die Kontrolle der Durchführungsbefugnisse durch die Kommission bei der Erarbeitung der einheitlichen Durchführungsrechtsakte erfolgt unter Beteiligung der Mitgliedstaaten in Ausschüssen. Dieses Verfahren wird EU-intern auch **Komitologieverfahren** (*comitology process*) genannt (von Komitee = Ausschuss). Die Ausschüsse setzen sich aus Vertretern der Mitgliedstaaten zusammen, im Allgemeinen je nach Thema fachkundige Mitarbeiter aus den nationalen Ministerien oder Fachbehörden. Den Vorsitz führt ein Vertreter der Kommission, der an den Abstimmungen nicht teilnimmt. Der Vorsitz unterbreitet dem Ausschuss den Entwurf des zu erlassenden Rechtsakts, der von den Ausschussmitgliedern und dem Vorsitz gemeinsam geändert werden kann, bevor es schließlich zur Abstimmung kommt. Zwei Typen von Ausschüssen und Verfahren können zur Anwendung kommen, welcher davon wird im jeweiligen Basisrechtsakt festgelegt.

- Im **Beratungsverfahren** gibt ein beratender Ausschuss eine Stellungnahme ab, die erforderlichenfalls auf der Grundlage einer Abstimmung mit einfacher Mehrheit beschlossen wird. Diese Stellungnahme wird von der Kommission soweit wie möglich berücksichtigt. Der zu erlassende Rechtsakt wird letztlich jedoch von der Kommission allein beschlossen.

- Im **Prüfverfahren** muss ein prüfender Ausschuss eine Stellungnahme abgeben, die mit mindestens qualifizierter Mehrheit[6] und der Gewichtung der Stimmen der Ausschussmitglieder nach Mitgliedstaaten beschlossen wird. Zum Erlass des Rechtsakts durch die Kommission ist die positive Stellungnahme des Ausschusses notwendig. Bei einer Ablehnung kann die Kommission entweder innerhalb von zwei Monaten einen geänderten Vorschlag vorlegen oder den Berufungsausschuss anrufen, der von der Kommission prophylaktisch für alle Verfahren eingerichtet wurde.

Für die Eisenbahngesetzgebung ist ein Prüfender Ausschuss zuständig, der bereits 1996 gemäß Art. 21 der ersten Richtlinie über die Interoperabilität des transeuropäischen Hochgeschwindigkeitsbahnsystems (96/48/EG) eingerichtet worden ist. Nachdem er deshalb lange Jahre Artikel-21-Ausschuss genannt wurde, ist sein aktueller Name *Railway Interoperability and Safety Committee*, kurz auch **RISC**.

---

[6] Qualifizierte Mehrheit bedeutet, dass 55% der Mitgliedstaaten, die gleichzeitig mindestens 65% der EU-Gesamtbevölkerung vertreten, zustimmen

2.3 Das Konzept der Konformitätsbewertung (CE-Kennzeichnung)

Ein herausragendes Ziel der Europäischen Union ist die Erleichterung des Inverkehrbringens von Waren in einem wettbewerbsorientierten EU-Binnenmarkt. Dafür wurden seit den späten 1960er Jahren Rechtsvorschriften zur Beseitigung von Handelsbeschränkungen und der Gewährleistung des freien Warenverkehrs geschaffen. Inzwischen wird dieses Ziel durch eine umfassende Politik ergänzt, die darauf ausgerichtet ist, ausschließlich sichere und anderweitigen Qualitätsanforderungen genügende Waren auf den Markt gelangen zu lassen, so dass die Wirtschaft von einheitlichen Wettbewerbsbedingungen profitiert und zugleich ein wirksamer Schutz der Verbraucher gefördert wird.

Als Werkzeug wurde das im Folgenden beschriebene Konzept der Konformitätsbewertung entwickelt, welches auch im Eisenbahnmarkt, insbesondere für die in späteren Kapiteln beschriebene Zulassung von Fahrzeugen und Infrastrukturkomponenten, Anwendung findet.

2.3.1 Vom alten zum neuen Konzept

In den 1960er und 70er Jahren haben die EU-Rechtsakte alle notwendigen technischen, produktbezogenen und administrativen Bestimmungen in detaillierten Texten enthalten. Diese wurden dann in nationale Gesetze umgesetzt, in denen zusätzlich oft eine große Zahl von eigenen Regulierungen und Anforderungen aufgeführt war. Eine Vorgehensweise, die später als das **alte Konzept** bezeichnet wurde.

Zugrunde lag ein allgemeiner Konsens innerhalb vieler Mitgliedstaaten, dass nur die eigenen Behörden in der Lage seien, angemessene Regelwerke zum Schutz der öffentlichen Sicherheit und Gesundheit der eigenen Bevölkerung zu entwickeln und deren Einhaltung gegen eine angeblich nicht-vertrauenswürdige Wirtschaft durchzusetzen. So wurden für viele Bereiche auch die Konformitätsbescheinigungen über die Übereinstimmung mit EU-Recht von Behörden ausgestellt (beispielsweise Lebensmittelrecht, gesetzliches Messwesen), und unter anderem auch für die Inbetriebnahme von Schienenfahrzeugen durch die Staatsbahnen. Dies barg aber zum einen die Gefahr, dass die Einführung (technischer) Innovationen verhindert wurde, weil diese im Konflikt zum Gesetzestext standen. Zum anderen wurde damit der Marktzugang für Wettbewerber aus anderen Mitgliedstaaten erschwert und der angestrebte Binnenmarkt ad absurdum geführt.

Der Wunsch der EU und letztlich auch der Mitgliedstaaten, den Binnenmarkt doch zu stärken, führte im Jahr 1985 dazu, das **neue Konzept** (*New Approach*) durchzusetzen, gegen viele Vorbehalte aus den Reihen der Mitgliedstaaten. Darin beschränkt sich der Inhalt von Rechtsvorschriften auf **grundlegenden Anforderungen** (*essential requirements*) und die technischen Einzelheiten werden in nachfolgenden, harmonisierten europäischen Normen geregelt. Diese ungewohnte Untermauerung von Rechtsvorschriften durch Normen, die sich ja eigentlich durch die Freiwilligkeit ihrer Anwendung auszeichnen, führte in der Folge auch zu einer Veränderung der europäischen Normungspolitik, auf die noch eingegangen wird. Bestandteil einer solchen Vorgehensweise sollte auch die Prüfung der Übereinstimmung mit den grundlegenden Anforderungen sein. Für diese sogenannte **Konformitätsbewertung** sieht das neue Konzept verschiedene Wege vor, die abhängig von der Komplexität des Produkts und den Anforderungen an die Produktsicherheit in der *Entscheidung Nr. 3052/95/EG zur Einführung eines Verfahrens der gegenseitigen Unterrichtung über einzelstaatliche Maßnahmen, die vom Grundsatz des freien Warenverkehrs in der Gemeinschaft abweichen* geregelt sind.

Das neue Konzept basiert maßgeblich auf dem Grundsatz der **gegenseitigen Anerkennung (*mutual recognition*)** der Erfüllung der grundlegenden Anforderungen. Deren Nichteinhaltung ist ein Grund für das Verbot oder die Einschränkung der Vermarktung eines Produkts. Mit der Einführung des neuen Konzepts konnten die EU-Texte sich somit auf die grundlegenden Anforderungen konzentrieren. Gleichzeitig musste aber geklärt werden, was denn eine wesentliche Anforderung an ein spezifisches Produkt überhaupt sei, und wie eine solche formuliert werden müsse, um die Übereinstimmung damit nachweisen zu können. Zum Beweis der Nichteinhaltung sind die Mitgliedstaaten verpflichtet. Hierfür war eine Einigung über eine geeignete Konformitätsbewertung erforderlich, mit der gleichzeitig auch das Vertrauen in die Produkte gestärkt und damit die Akzeptanz durch die Behörden erleichtert wurde.

Weitere Grundsätze des neuen Konzepts lauten im Einzelnen:

- Die Harmonisierung der Rechtsvorschriften soll auf die **grundlegenden Anforderungen** (vor allem Leistungs- bzw. Funktionsanforderungen) **beschränkt** sein, denen auf dem EU-Markt in Verkehr gebrachte Produkte genügen müssen, um am freien Warenverkehr teilnehmen zu können.

- Die technischen Spezifikationen für Produkte, die den grundlegenden Anforderungen der Rechtsvorschriften entsprechen, sollen in **harmonisierten Normen** festgelegt werden, die **zusätzlich zu den Rechtsvorschriften** gelten können. Damit ist die Eignung des Konzepts auf solche Fälle begrenzt, für die zwischen grundlegenden Anforderungen und technischen Spezifikationen tatsächlich unterschieden werden kann.

- Bei Produkten, die nach **harmonisierten Normen** hergestellt worden sind, wird davon ausgegangen, dass sie die grundlegenden Anforderungen entsprechend der **einschlägigen Rechtsvorschriften erfüllen**. In bestimmten Fällen genügt für den Hersteller dadurch ein vereinfachtes Konformitätsbewertungsverfahren, häufig die Konformitätserklärung des Herstellers selbst, deren Zulässigkeit zumeist durch das Bestehen von Rechtsvorschriften über die Produkthaftung gesichert ist.

- Die **Anwendung der harmonisierten oder sonstigen Normen bleibt freiwillig**, und dem Hersteller steht es stets frei, andere technische Spezifikationen dafür zu nutzen, die Anforderungen zu erfüllen. Allerdings liegt es an ihm nachzuweisen, dass diese anderen technischen Spezifikationen den Erfordernissen der grundlegenden Anforderungen entsprechen, was meist durch ein Verfahren unter Hinzuziehung einer unabhängigen externen Konformitätsbewertungsstelle erfolgt.

Hieraus ergibt sich auch die wichtige **Rolle der europäischen Normung** mit ihren Institutionen und Gremien, die im Auftrag der EU die zu den grundlegenden Anforderungen zugehörigen technischen Spezifikationen entwickeln (siehe Abschnitt 2.3.4). Diese harmonisierten Normen müssen ein **garantiertes Schutzniveau** im Hinblick auf die grundlegenden Anforderungen der Rechtsvorschriften bieten, auf das sich in den jeweiligen Branchen geeinigt werden muss.

Um nicht nur die Inhalte der grundlegenden Anforderungen, sondern auch die Instrumente und Methoden der **Konformitätsbewertung** zu harmonisieren, wurde die **Normenreihe EN ISO/IEC 17000 ff.** zur *Festlegung der Zuständigkeit der an der Konformitätsbewertung beteiligten dritten Stellen* angenommen. Auf Grundlage dieser Normen notifizieren (= benennen) die Mitgliedstaaten oder ihre Akkreditierungsstellen Institutionen oder Unternehmen, die mit der Durchführung von Konformitätsbewertungen wiederum gemäß den Festlegungen dieser Normenreihe beauftragt werden können. Je nach Produkt legen die Rechtsvorschriften fest, ob die Konformitätsbewertung zum Beispiel von einer internen, aber akkreditierten Stelle des Herstellers oder aber einer externen, **staatlich benannten Stelle** durchgeführt werden muss. Diese benannten Stellen heißen in der EU auch **notifizierte Stellen**, auf Englisch notified bodies, und werden daher in Kurzform oft **NoBo** genannt. Das Eisenbahnregelwerk sieht eine Bewertung durch benannte Stellen vor. In jedem Fall liegt die Konformitätsbewertung selbst aber in der **Zuständigkeit des Herstellers**, unabhängig davon, ob die Rechtsvorschriften die Beteiligung einer externen Konformitätsbewertungsstelle vorsehen.

Das EU-Recht legt zusätzlich bestimmte **Module** fest, die den **Ablauf der Konformitätsbewertung** bestimmen. Das reicht vom einfachsten Modul einer internen Fertigungskontrolle für Produkte, die nicht unbedingt mit ernsthaften Gefahren verbunden sind, bis hin zum komplexen Modul einer umfassenden Qualitätssicherung für die Fälle, in denen ernstere Gefahren bestehen oder die Produkte und Technologien komplizierter sind. Die Module sind auf europäischer Ebene in die Normenreihe ISO 9001 integriert, um eine wirtschaftliche Integration in bestehende Qualitätsmanagementsysteme sicherzustellen.

Die Konformität eines Produkts mit allen anzuwendenden Rechtsvorschriften und technischen Spezifikationen wird durch die Anbringung des **CE-Kennzeichens** (Abbildung 4) bescheinigt. Die Kennzeichnung an sich ist aber kein Nachweis für die Einhaltung der Vorschriften. Sie ist auch kein Hinweis auf eine Herstellung innerhalb des Europäischen Wirtschaftraums (EWR) und damit kein Marketinginstrument. Hingegen ermöglicht die CE-Kennzeichnung den freien Warenverkehr im EU-Binnenmarkt unabhängig davon, wo das Produkt hergestellt wurde.

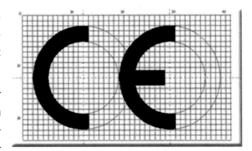

Die CE-Kennzeichnung wird vom Hersteller angebracht, der damit auf seine alleinige Verantwortung hin erklärt, dass sein Produkt allen geltenden Anforderungen genügt und geeignete Konformitätsbewertungsverfahren erfolgreich durchgeführt wurden. Für den Fall, dass die Konformitätsbewertung gemäß einer entsprechenden Rechtsvorschrift durch eine benannte Stelle durchgeführt werden muss, bringt der Herstel-

Abbildung 4: Darstellung des CE-Kennzeichens gemäß Verordnung (EG) Nr. 765/2008

ler die Kennzeichnung unter der Verantwortung der benannten Stelle und mit ihrer Kennnummer an.

An Bahnprodukten aus dem Investitionsgüterbereich wie zum Beispiel Fahrzeugen findet man zwar keine CE-Kennzeichnung, aber die Konformitätsbescheinigung lässt sich an den Wagenanschriften ablesen, unter anderem an dem bereits beschriebenen TEN-Symbol.

2.3.2 Der überarbeitete, neue Rechtsrahmen

Mitte der 2000er Jahre ist das neue Konzept überarbeitet worden, um alle erforderlichen Elemente einer wirksamen Konformitätsbewertung, Akkreditierung und Marktüberwachung, einschließlich der Überprüfung von Produkten aus Drittländern, in einen allgemeinen, übergreifenden Rechtsrahmen zu fassen. Dieser wird dementsprechend **neuer Rechtsrahmen (*New Legislative Framework*)** genannt.

Die Überarbeitung betraf vor allem die Vorschriften für das Notifizierungsverfahren, Kriterien für die Akkreditierung der Konformitätsbewertungsstellen, die Module der Konformitätsbewertungsverfahren und ihre Anwendung, die CE-Kennzeichnung und Marktüberwachung sowie schließlich die Kohärenz und Konsistenz in ihrer Gesamtheit.

Im neuen Rechtsrahmen werden die Existenz sämtlicher Marktteilnehmer in der Lieferkette, also Hersteller, bevollmächtigte Vertreter, Händler und Einführer, sowie ihre jeweiligen Funktionen im Zusammenhang mit dem Produkt berücksichtigt. Der Einführer hat nunmehr eindeutige Verpflichtungen im Bereich der Vorschriftsmäßigkeit von Produkten, außerdem ist festgelegt, dass ein Händler, der Änderungen an einem Produkt vornimmt oder es unter seinem Namen vermarktet, dem Hersteller gleichgestellt wird und dessen Haftung für das Produkt übernimmt.

Darüber hinaus werden im neuen Rechtsrahmen die unterschiedlichen Aspekte der Zuständigkeiten nationaler Behörden anerkannt, das heißt der Regulierungsbehörden, der Notifizierungsbehörden, der für die Aufsicht über die nationalen Akkreditierungsstellen zuständigen Einrichtungen, der Marktüberwachungsbehörden, der für die Kontrolle von Produkten aus Drittstaaten zuständigen Behörden etc. Dabei wird stets betont, dass die Zuständigkeiten von den ausgeführten Tätigkeiten abhängig sind.

Der neue Rechtsrahmen hat die Ausrichtung der EU-Rechtsvorschriften im Verhältnis zum Marktzugang verändert. Früher war der Wortlaut der Harmonisierungsrechtsvorschriften der Union auf den Begriff des „Inverkehrbringens" fokussiert, einen herkömmlichen Begriff aus dem Bereich des freien Warenverkehrs, der die erstmalige Bereitstellung eines Produkts auf dem Markt der EU bezeichnet. Im neuen Rechtsrahmen wird unter Berücksichtigung des Binnenmarkts der Schwerpunkt auf die **Bereitstellung eines Produkts** gelegt, wodurch das Geschehen nach der erstmaligen Bereitstellung eines Produkts größere Bedeutung erlangt. Dies entspricht auch der Logik, Marktüberwachungsbestimmungen der EU zu erlassen. Die Einführung des Begriffs der Bereitstellung erleichtert die Rückverfolgung nichtkonformer Produkte zum Hersteller. Dabei ist zu beachten, dass die Konformität in Bezug auf die rechtlichen Anforderungen bewertet wird, die zum Zeitpunkt der erstmaligen Bereitstellung galten.

Die wichtigste Veränderung im rechtlichen Umfeld der EU war die Einführung einer umfassenden Politik der Marktüberwachung. Dies hat die Ausrichtung der EU-Rechtsvorschriften erheblich verändert: Anstelle der Orientierung auf die Vorgabe von Produktanforderungen, die beim Inverkehrbringen von Produkten einzuhalten sind, wird nun stärker auf eine gleichmäßige Betonung von Durchsetzungsaspekten während des gesamten Lebenszyklus von Produkten abgezielt.

2.3.3 Notifizierte Stellen und Akkreditierungsstellen

Notifizierte Stellen

Eine **notifizierte Stelle** hat die Aufgabe der Bewertung der Konformität eines Produkts mit den zugehörigen grundlegenden Anforderungen, sie ist also eine Konformitätsbewertungsstelle. Notifizierte Stellen bieten Herstellern eine Dienstleistung in solchen Bereichen an, die von öffentlichem Interesse sind. Ob eine notifizierte Stelle für die Konformitätsbewertung gewählt werden muss, legt die jeweilige Produktrichtlinie fest. Die Notifizierung erfolgt durch den Mitgliedstaat und bezeichnet den Akt der Benennung gegenüber der EU und den anderen Mitgliedstaaten. Die Kommission hat eine Liste aller notifizierten Stellen veröffentlicht, die online nach Land oder Produktrichtlinie sortiert werden kann.

Der Notifizierung liegt eine Bestätigung der Kompetenz, professionellen Integrität und Unparteilichkeit der zu notifizierenden Stelle zugrunde, das heißt, geprüft wird:

- Verfügbarkeit von Personal und Ausstattung
- Unabhängigkeit und Unparteilichkeit in Bezug auf diejenigen, die unmittelbar oder mittelbar mit dem Produkt befasst sind
- Fachliche Kompetenz der Mitarbeiter für die jeweiligen Produkte und Konformitätsbewertungsverfahren
- Wahrung der beruflichen Schweigepflicht und Integrität
- Abschluss einer Haftpflichtversicherung, sofern die Haftpflicht nicht staatlich übernommen wird

Akkreditierungsstellen

Diese Prüfung erfolgt gemäß der Normenreihe EN ISO/IEC 17000 durch die überall in der EU von den Mitgliedstaaten eingerichteten **Akkreditierungsstellen**. Diese Akkreditierungsstellen sind vom Staat beliehen, unterstehen der staatlichen Aufsicht und übernehmen hoheitliche Aufgaben.

Sehen die Mitgliedstaaten eine Situation von besonderem öffentlichem Interesse vorliegen, können sie die Kompetenzbewertung aber auch direkt vornehmen. Für die deutsche benannte Stelle im Eisenbahnbereich, das **EBC Eisenbahn-Cert**, ist dies so geschehen.

 Die **Deutsche Akkreditierungsstelle DAkkS** wurde 2010 als Folge der EU-Verordnung 765/2008 gegründet und führte das bis dahin zersplitterte Akkreditierungssystem zusammen, das aus rund 20 privaten und öffentlich-rechtlichen Akkreditierungsstellen bestand. Die DAkkS akkreditiert die Stellen, die ihrerseits dann wiederum zertifizieren und Zertifikate ausstellen dürfen. Dazu gehören Laboratorien, Inspektions- und Zertifizierungsstellen. Die europäischen Akkreditierungsstellen sind in der **European co-operation for Accreditation EA** organisiert. Daneben gibt es noch das globale Netzwerk *International Accreditation Forum IAF* für die Akkreditierungsbereiche Produkte, Managementsysteme und Personen sowie die weltweite Vereinigung *International Laboratory Accreditation Cooperation ILAC* für die Bereiche Laboratorien und Inspektionsstellen.

2.3.4 Die Normung und ihre Gremien

Durch das neue Konzept und den neuen Rechtsrahmen spielt die Normung in der europäischen Gesetzgebung also grundsätzlich für alle Politikbereiche mit Bezug zum Binnenmarkt eine wichtige Rolle. Die Kommission beauftragt die europäischen Normungsgremien mit der Erarbeitung von Normen, welche die europäischen Produktrichtlinien und deren nachgeordnete Durchführungsverordnungen ergänzen.

Auch die Bahnindustrie erarbeitet ihre industrieweiten Standards in den Gremien der europäischen Normungsinstitutionen, seit die Produkte unter das neue Konzept fallen. Zum Teil werden aufgrund der nationalen Unterschiede im Bahnnetz aber auch noch nationale Normungen vorgenommen. An sich hat die internationale Normung in der Bahnbranche aber eine lange Tradition, was sich an den historisch gewachsenen, technischen und regulatorischen Verträgen und Vereinbarungen zeigt. Inzwischen gibt es zunehmend aber genauso auch Normungsaktivitäten in den weltweiten Organisationen.

Normung wird in drei Bereiche eingeteilt: erstens die allgemeine, technische und prozessuale Normung, zweitens Normung für Produkte und Verfahren aus der Elektrotechnik und drittens Normung für Produkte und Verfahren aus der Telekommunikationsindustrie. Diese Einteilung findet sich jeweils in der nationalen, europäischen/regionalen/kontinentalen und internationalen Gremienlandschaft wieder (Abbildung 5).

Speziell für die Eisenbahngesetzgebung hat die Kommission in den frühen 1990er Jahren das *Joint Programming Committee Rail (JPC Rail)* eingesetzt, in dem die drei europäischen Normungsgremien, die akkreditierten Branchenverbände (vgl. Abschnitt 4.3.1) und die EU gemeinsam die aktuelle Normungsarbeit begleiten und künftige Normungsvorhaben beschließen. Im Jahr 2011 ist das Komitee entsprechend der neuen EU-Nomenklatur in **Sector Forum Rail** umbenannt worden. Im Folgenden werden die deutschen, europäischen und internationalen Gremien sowie ihre jeweilige Rolle in der Bahnnormung vorgestellt.

DIN Deutsches Institut für Normung e.V.

In Deutschland wird die allgemeine Normung in den Gremien des DIN durchgeführt. Es wurde 1917 als Normenausschuss der deutschen Industrie (NADI) gegründet und erarbeitet seitdem die Deutschen Industrienormen (DIN). Von 1926 bis 1975 lautete der Name *Deutscher Normenausschuss (DNA)*. Zum DIN gehört der Beuth-Verlag, der die Normen vertreibt.

Die Normungsarbeit für die Gebiete Schienenfahrzeuge, Eisenbahnoberbau und Bahnbetrieb, ausgenommen Elektrotechnik, wird durch den **DIN-Normenausschuss Fahrweg und Schienenfahrzeuge (FSF)** durchgeführt. Als satzungsgemäßes Organ des DIN vertritt der FSF auch die deutschen Interessen in der europäischen und internationalen Eisenbahnnormung und hält Kontakt zu allen CEN-/CENELEC- und ISO/IEC-Gremien, die sich mit bahnrelevanten Themen beschäftigen. Des Weiteren führt der FSF auch die Normungsarbeit für Seilbahnen durch.

Insbesondere vertritt der FSF das DIN und Deutschland in den technischen Ausschüssen „Eisenbahnwesen" im CEN und ISO und führt das jeweilige Sekretariat.

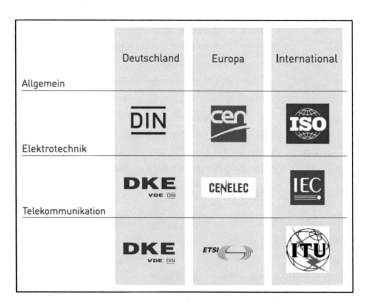

Abbildung 5: Die wichtigsten Normungsgremien in Deutschland, Europa und der Welt (© DIN e.V.)

DKE Deutsche Kommission Elektrotechnik Elektronik Informationstechnik in DIN und VDE

 Sowohl die elektrotechnische als auch die IKT-Normung erfolgen in Deutschland durch die DKE, die vom **VDE Verband der Elektrotechnik Elektronik Informationstechnik e.V.** getragen wird. Organisatorisch ist sie der Fachbereich Normung (Vorschriftenwesen) des VDE und als Hauptausschuss für das Vorschriftenwesen zugleich ein Organ des VDE. Zudem ist die DKE ein Organ und ein Normenausschuss des DIN, entsprechend der "Richtlinie für Normenausschüsse" in DIN.

Für das Eisenbahnwesen übernimmt das DKE die Normung für die elektrische Ausrüstung von Bahnen, und zwar fahrzeug- und infrastrukturseitig. International vertritt die DKE die deutsche Normung in den technischen Ausschüssen von CENELEC und IEC, die sich mit elektrischer Ausrüstung und Systemen sowie elektrischen und elektronischen Anwendungen für Eisenbahnen befassen.

CEN European Committee for Standardization

 CEN, auch *Comité Européen de Normalisation* oder *Europäisches Komitee für Normung*, ist 1961 gegründet worden; Gründungsmitglied war unter anderem das DIN. Heute sind 33 europäische Normungsinstitutionen Mitglied und vertreten ihre Länder. Zusätzlich sind aus Osteuropa, den Balkanländern, Nordafrika und dem Mittleren Osten weitere 17 Normungsinstitutionen Partner. CEN arbeitet eng mit der Internationalen Organisation für Normung (ISO, s.u.) zusammen.

Zusammen mit CENELEC und ETSI gehört das CEN zu den von der EU und der EFTA offiziell anerkannten Normungsinstitutionen, die für die Entwicklung der freiwilligen europäischen Normen verantwortlich sind. Die Normen umfassen Produkte, Materialien, Dienstleistungen und Prozesse in einem breiten Spektrum von Industrien und Branchen.

Der technische Ausschuss „Eisenbahnwesen" (CEN/TC 256) bearbeitet in seinen Arbeitsgruppen die entsprechenden Eisenbahnnormen. Das Sekretariat hat der FSF inne.

CENELEC European Committee for Electrotechnical Standardization

 CENELEC ist 1973 aus zwei Vorgängerorganisationen entstanden und erarbeitet Normen für elektrotechnische und elektronische Bereiche. Wie auch im CEN sind 33 europäische Normungsinstitutionen Mitglied und zusätzlich 13 Organisationen als Partner gelistet. CENELEC ist bemüht, den Umfang der Normung durch enge Zusammenarbeit mit der Internationalen Elektrotechnischen Kommission (IEC, s.u.) so gering wie möglich zu halten.

In den Arbeitsgruppen des technischen Ausschusses „Elektrische und elektronische Anwendungen für Eisenbahnen" (TC 9X) werden die Eisenbahnthemen bearbeitet. Das Sekretariat betreibt die französische Normungsorganisation AFNOR.

ETSI European Telecommunications Standards Institute

 ETSI ist 1988 von der Europäischen Konferenz der Verwaltungen für Post und Telekommunikation (CEPT) auf Initiative der Europäischen Kommission gegründet worden. Aufgabe ist die Normung in allen Bereichen der Telekommunikation. ETSI hat weltweit über 800 Mitglieder aus 64 Ländern, darunter Hersteller, Netzbetreiber, Verwaltungen, Universitäten, Verbände.

Im Eisenbahnbereich geht es vor allem um die Standardisierung des GSM-R Systems (Global System for Mobile Communications for Railways) sowie um die Nutzung von *Professional Mobile Radio* (PMR, professioneller Mobilfunk auf Basis von Funksystemen mit Kanalbündelung).

ISO International Organization for Standardization

 ISO ist 1946 in London von Delegierten aus 25 Ländern gegründet worden und hat heute Mitglieder aus 162 Ländern. In 3.368 Fachausschüssen werden Normen für nahezu alle Bereiche aus Technologie und Produktion erarbeitet.

Im technischen Ausschuss ISO/TC 269 (Railway Applications) wird unter dem Sekretariat des FSF derzeit noch eine recht kleine Anzahl von eisenbahnrelevanten Normen erarbeitet. Der Umfang der Themen nimmt jedoch ständig zu.

IEC International Electrotechnical Commission

 IEC wurde 1903 für die Normung in der Elektrotechnikindustrie gegründet und bearbeitet heute alle Themen zu elektrotechnischen, elektronischen und verwandten Technologien. Die 83 weltweit verteilten Mitglieder sind nationale Normungsinstitutionen, wovon 23 aber keine Vollmitgliedschaft haben, sondern Partnerländer sind.

Die elektrotechnischen Eisenbahnthemen werden bereits seit 1924 in den Arbeitsgruppen des technischen Ausschusses IEC TC 9 (Electrical equipment and systems for railways) behandelt. Das Sekretariat liegt bei der französischen Normungsvereinigung AFNOR.

ITU International Telecommunication Union

 ITU ist bereits 1865 als Internationale Telegraphen Union in Paris gegründet worden. Damit ist sie nach dem Internationalen Komitee vom Roten Kreuz, 1863 gegründet, die zweitälteste Internationale Organisation. 1934 ist der heutige Name eingeführt worden und 1947 wurde ITU eine Sonderorganisation der Vereinten Nationen für Informations- und Kommunikationstechnologien. 193 Länder sowie fast 800 privatwirtschaftliche Unternehmen und akademische Institutionen arbeiten in den ITU Arbeitsgruppen, *Study Groups* genannt.

Neben der Normung veranstaltet ITU unter anderem die Weltfunkkonferenz und die Weltweite Konferenz für Fernmeldedienste. Zuständig für die Eisenbahnnormung sind Unterausschüsse der Study Group SG15.

2.4   Quellen und weiterführende Literatur

Generaldirektion Kommunikation (Europäische Kommission): Europa in 12 Lektionen; Amt für Veröffentlichungen der Europäischen Union, Luxemburg Juli 2018; online in allen Amtssprachen der EU abrufbar unter https://publications.europa.eu/de/publication-detail/-/publication/a5ba73c6-3c6a-11e8-b5fe-01aa75ed71a1

Homepage der Generaldirektion Mobilität und Verkehr: http://ec.europa.eu/transport/index_en.htm

Homepage der Eisenbahnagentur der Europäischen Union: http://www.era.europa.eu/

Homepage der Exekutivagentur für Innovation und Netze: http://ec.europa.eu/inea/

Homepage des Joint Undertaking Shift2Rail: http://www.shift2rail.org/

Website des Europäischen Amts für Veröffentlichungen auf alle Rechtsakte der Europäischen Union sowie Verträge mit seinen Partnern: http://eur-lex.europa.eu/homepage.html?locale=de

Online-Zugang zum jährlichen Bericht der EU-Kommission über die Vertragsverletzungsverfahren: https://ec.europa.eu/info/publications/annual-reports-monitoring-application-eu-law_en

Informationen der EU-Kommission zum Verfahrensablauf der Vertragsverletzungsverfahren: http://ec.europa.eu/atwork/applying-eu-law/infringements-proceedings/index_de.htm

Informationen zum ordentlichen Gesetzgebungsverfahren der EU: http://www.europarl.europa.eu/external/appendix/legislativeprocedure/europarl_ordinarylegislativeprocedure_complete_text_de.pdf

Festlegung der Ausschussarten im Komitologieverfahren: Verordnung (EU) Nr. 182/2011 zur Festlegung der allgemeinen Regeln und Grundsätze, nach denen die Mitgliedstaaten die Wahrnehmung der Durchführungsbefugnisse durch die Kommission kontrollieren

Bekanntmachung der Kommission – Leitfaden für die Umsetzung der Produktvorschriften der EU 2016/C 272/01 („Blue Guide"), http://ec.europa.eu/DocsRoom/documents/18027/

Festlegung der Module zur Konformitätsbewertung: Beschluss Nr. 768/2008/EG über einen gemeinsamen Rechtsrahmen für die Vermarktung von Produkten (abrufbar unter http://eur-lex.europa.eu/homepage.html?locale=de)

Der neue Rechtsrahmen sowie Vorgaben für die CE-Kennzeichnung: Verordnung (EG) Nr. 765/2008 über die Vorschriften für die Akkreditierung und Marktüberwachung im Zusammenhang mit der Vermarktung von Produkten (abrufbar unter http://eur-lex.europa.eu/homepage.html?locale=de)

Website der Generaldirektion Binnenmarkt, Industrie, Unternehmertum und KMU mit allen benannten Stellen http://ec.europa.eu/growth/tools-databases/nando/index.cfm

Homepage der deutschen benannten Stelle für Konformitätsbewertung im Eisenbahnwesen (Eisenbahn-Cert): http://www.eisenbahn-cert.de

Homepage der Deutschen Akkreditierungsstelle (DAkkS): http://www.dakks.de/

Website des Sector Forum Rail bei CEN/CENELEC: https://www.cencenelec.eu/standards/Sectors/Transport/Rail/Pages/SectorForum.aspx

Homepage des Deutschen Instituts für Normung (DIN): http://www.din.de/

Homepage der Deutschen Kommission Elektrotechnik Elektronik Informationstechnik in DIN und VDE (DKE): http://www.dke.de

Homepage des Europäischen Normungskomitees (CEN): http://www.cen.eu/

Homepage des Europäischen Komitees für elektrotechnische Normung (CENELEC): http://www.cenelec.eu/

Homepage des Europäischen Instituts für Normung in der Telekommunikation (ETSI): http://www.etsi.org/

Homepage der Internationalen Normungsorganisation (ISO): http://www.iso.org/

Homepage der Internationalen Kommission für Elektrotechnik (IEC): http://www.iec.ch/

Homepage der französischen Vereinigung für Normung (AFNOR): http://www.afnor.org/

Homepage der Internationalen Vereinigung für Telekommunikation (ITU): http://www.itu.int/

3 Das Eisenbahnregelwerk der Europäischen Union

Die Geschichte einer gemeinsamen europäischen Verkehrspolitik geht auf die Römischen Verträge von 1957 zurück, beschränkte sich damals aber im Wesentlichen auf den Straßenverkehr. Die ersten Regelungen für den Schienenverkehr folgten Ende der 1960er Jahre, bezogen sich aber lediglich auf die Buchführung der Staatsunternehmen.[7, 8] Die nationalen Bahnsysteme konnten sich so auch weiterhin technisch und betrieblich auseinanderentwickeln bzw. ausschließlich an nationalen Interessen orientieren.

Diese Entwicklung führte bis Ende der 1980er Jahre unter anderem zu fünf verschiedenen Hauptstromsystemen, 14 Zugsicherungssystemen und vier überregional verbauten Spurweiten. Insgesamt entstand also ein Flickenteppich aus nationalen oder auch regionalen technischen Systemen mit unterschiedlichen betrieblichen Regelungen. Diese Situation hat dazu geführt, dass ein internationaler, durchlässiger Verkehr in einem offenen EU-Binnenmarkt nicht in dem Maße möglich war wie beim Straßenverkehr. Die verschiedenen Infrastrukturen mit ihren nationalsprachlichen Regelwerken haben an den Grenzen Lok- und Fahrerwechsel notwendig gemacht und damit für langwierige Unterbrechungen der Lieferketten und Verzögerungen bei den Reisezeiten gesorgt. Der Straßenverkehr hatte dagegen nur Pass- und Zollkontrollen an den Grenzen zu überwinden, aber keinerlei Infrastrukturveränderungen oder technisch und sprachlich bedingte Fahrerwechsel.

In den Jahren 1970 bis 1994 hat diese Situation zu einem massiven Bedeutungsverlust des Verkehrsträgers Schiene geführt. Insbesondere der Güterverkehr hat rund die Hälfte seines Marktanteils verloren. Im Personenverkehr hat die Zunahme der Mobilität in diesem Zeitraum zwar insgesamt zu einer Verdopplung des Reisendenaufkommens geführt, die Eisenbahn hat aber nur etwa 25 % mehr Personenkilometer gefahren.

In den folgenden Abschnitten werden die Bemühungen der EU im Laufe der vergangenen 30 Jahre skizziert. Einzelheiten zu den Rechtsakten und ihren Durchführungsverordnungen sind in den weiteren Kapiteln dargestellt.

3.1 Die Entwicklungen Ende des 20. Jahrhunderts

Bereits Anfang der 1970er Jahre hat die EU diese negative Marktentwicklung für das System Bahn erkannt. Daraufhin wurde der Versuch unternommen, durch die Harmonisierung der finanziellen Beziehungen zwischen den Bahnunternehmen und den Staaten eine Belebung des Schienenverkehrs zu erreichen.[9] Dies geschah im Hinblick auf seine nach wie vor zentrale Rolle als volkswirtschaftlich und gesellschaftspolitisch tragender Verkehrsträger sowie auch schon mit dem Hinweis auf seine umweltpolitische Bedeutung. Diese Entscheidung hat den negativen Trend jedoch nicht aufhalten können.

Daraufhin hat die EU in den 1980er Jahren noch einmal ihre Sicht auf die strategische Rolle der Eisenbahn geändert, und zwar auch im Lichte der nunmehr deutlich weiterentwickelten Umweltpolitik, vor allem aber zur Unterstützung des offenen europäischen Binnenmarktes. Ein leistungs- und wettbewerbsfähiges Bahnsystem galt nach wie vor als wichtiger Teil der Verkehrspolitik und sollte nach damaliger Auffassung durch Unternehmen sichergestellt werden, die unabhängig vom Staat eigenwirtschaftlich entsprechend der Markterfordernisse handeln können. Dafür wurde von der Europäischen Kommission eine **Trennung von Infrastruktur und dem Erbringen von Verkehrsdienstleistungen** vorgeschlagen. Von besonderer Bedeutung ist hierbei, dass Investitionen in die Infrastruktur und ihre technische Weiterentwicklung weiterhin Sache des Mitgliedstaates bleiben sollten. Sie sind damit nicht automatisch dem Anspruch an Wirtschaftlichkeit ausgesetzt. Desweiteren ist die Angleichung der **Trassennutzungsgebühren** gefordert worden.

---

[7] Verordnung (EWG) Nr. 1192/69 über gemeinsame Regeln für die Normalisierung der Konten der Eisenbahnunternehmen

[8] Verordnung (EWG) Nr. 1108/70 zur Einführung einer Buchführung über die Ausgaben für die Verkehrswege des Eisenbahn-, Straßen- und Binnenschiffsverkehrs

[9] Entscheidung 75/327/EWG zur Sanierung der Eisenbahnunternehmen und zur Harmonisierung der Vorschriften über die finanziellen Beziehungen zwischen diesen Unternehmen und den Staaten

© Springer Fachmedien Wiesbaden GmbH, ein Teil von Springer Nature 2019
C. Salander, *Das Europäische Bahnsystem*, https://doi.org/10.1007/978-3-658-23496-6_3

Diese Forderungen sind mit der unter Eisenbahnern berühmten Richtlinie 91/440/EWG rechtlich verbindlich geworden, deren Umsetzung in den Mitgliedstaaten schließlich zu den bekannten Bahnreformen mit der Öffnung der Infrastruktur für private Verkehrsunternehmen und vielfach auch zur Privatisierung der Staatsbahnen geführt hat:

Richtlinie 91/440/EWG des Rates vom 29. Juli 1991
zur Entwicklung der Eisenbahnunternehmen der Gemeinschaft

Da in dieser Richtlinie auch geregelt wird, dass die Verantwortung für die Festlegung von Sicherheitsvorschriften sowie für die Überwachung ihrer Anwendung beim Mitgliedstaat verbleibt, sind mit ihrer Umsetzung in vielen Mitgliedstaaten **Eisenbahnbehörden** für die betriebliche Überwachung gegründet worden. In Deutschland sind so am 01.01.1994 die Deutsche Bahn AG (DB AG) und das Eisenbahn-Bundesamt (EBA) ins Leben gerufen worden. Die DB AG ist ihrerseits aus der Reichsbahn der DDR (DR) und der Deutschen Bundesbahn (DB) hervorgegangen[10].

Es wurde für die EU aber schnell klar, dass die Regelungen der 91/440/EWG für die gesetzten Ziele nicht ausreichen werden. Ergänzend mussten also der Marktzugang und der Infrastrukturzugang erleichtert sowie die grenzüberschreitende technische Vereinheitlichung und damit die Durchlässigkeit der Netze, die sogenannte **Interoperabilität**, vorangetrieben werden. Für letzteres wurde es als sinnvoll erachtet, sich zunächst auf die neuen Hochgeschwindigkeitsnetze zu konzentrieren.

Um nun die Gründung von neuen Unternehmen zu erleichtern und den Zugang zur Infrastruktur zu regeln, sind Mitte der 1990er Jahre zwei weitere Richtlinien erlassen worden:

Richtlinie 95/18/EG des Rates vom 19. Juni 1995
über die Erteilung von Genehmigungen an Eisenbahnunternehmen

Richtlinie 95/19/EG des Rates vom 19. Juni 1995
über die Zuweisung von Fahrwegkapazität der Eisenbahn und die Berechnung von Wegeentgelten

Richtlinie 95/18/EG bezieht sich auf Verkehrsunternehmen, die grenzüberschreitend verkehren wollen. Sie fordert außerdem die Einführung einer Genehmigungsbehörde, die in den meisten Staaten mit der bereits auf Basis der 91/440/EG gegründeten Eisenbahnbehörde zusammengelegt wurde.

Da die **Zuweisung der Fahrwegkapazitäten** von einer kompetenten Stelle durchgeführt werden soll, sind dies meistens die Infrastrukturbetreiber selbst. Außerdem fordert die Richtlinie erstmals die Vorlage einer *Sicherheitsbescheinigung* als Grundlage für die Trassennutzung. Diese Sicherheitsbescheinigung war noch nicht EU-weit geregelt, sondern folgte bestehenden einzelstaatlichen Vorgaben.

Ein Jahr später ist dann die erste **Interoperabilitätsrichtlinie** für das europäische Hochgeschwindigkeitsnetz vorgelegt worden:

Richtlinie 96/48/EG des Rates vom 23. Juli 1996
über die Interoperabilität des transeuropäischen Hochgeschwindigkeitsbahnsystems

In ihr wurden zum ersten Mal die Anforderungen des neuen Konzepts und der Konformitätsbewertung auf das System Bahn angewendet. Das heißt, es werden wesentliche Anforderungen festgelegt sowie die Notwendigkeit formuliert, externe Konformitätsbewertungsstellen zu benennen. Für die nachgeordnete Nor-

---

[10] Die Deutsche Reichsbahn war von 1945 bis 1993 die staatliche Eisenbahngesellschaft, die auf dem Gebiet der Sowjetischen Besatzungszone, später der Deutschen Demokratischen Republik bzw. deren nachfolgenden Bundesländern sowie Gesamtberlins tätig war; die Deutsche Bundesbahn bestand von 1949 bis 1993 als Rechtsnachfolger der Reichsbahn in der amerikanischen und britischen Besatzungszone (*Hauptverwaltung der Eisenbahnen des amerikanischen und britischen Besatzungsgebiets*) und später auch der französischen Besatzungszone und des Saarlandes

mung ist das bereits Anfang der 1990er Jahre gegründete Joint Programme Committee Rail (JPCRail) bestimmt worden, in dem die europäischen Normungsgremien gemeinsam mit Vertretern der EU und des Sektors die Normungsvorhaben planen (vgl. Abschnitt 2.3.4).

Außerdem teilt diese Richtlinie das System Bahn in strukturelle und funktionelle Teilsysteme sowie in Interoperabilitätskomponenten auf. Die grundlegenden Anforderungen werden in der Richtlinie zunächst nur übergeordnet für alle Teilsysteme definiert und dann in nachfolgenden Verordnungen für jedes Teilsystem als **Technische Spezifikationen Interoperabilität** (TSI) weiter detailliert und mit relevanten Normen hinterlegt. Dieses ungewöhnliche Einziehen einer Zwischenebene ist der Komplexität des Systems Bahn geschuldet, welche die Interoperabilitätsrichtlinie sonst zu unhandlich werden ließe. Zur Erarbeitung der TSI wurde ein Gremium installiert, in dem Verkehrsunternehmen, Infrastrukturbetreiber und Herstellerindustrie vertreten waren. Das Gremium wurde AEIF (*Association européenne pour l'interopérabilité ferroviaire*) genannt und hat 2002 die ersten TSI veröffentlicht. AEIF hat 2005 seine Arbeit eingestellt, als die Europäische Eisenbahnagentur (ERA) ihre Arbeit aufgenommen und diese Aufgaben übernommen hat. Außerdem wurde mit dieser Richtlinie der Artikel-21-Ausschuss eingerichtet, das heutige RISC. Die Inbetriebnahme der Interoperabilitätskomponenten und Teilsysteme soll von den staatlichen Eisenbahnbehörden genehmigt werden. Die anschließende Überwachung der Produktionsmittel im Betriebseinsatz ergab sich bereits aus der 91/440/EG.

Gemeinsam mit der 96/48/EG ist auch die **Richtlinie 96/49/EG** zur Angleichung der Rechtsvorschriften der Mitgliedstaaten für die Eisenbahnbeförderung gefährlicher Güter verabschiedet worden, in welche die bisher bestehenden Regelungen und Absprachen zwischen den Staatsbahnen (RID, CIM) von der EU übernommen werden und alle Mitgliedstaaten verpflichtet werden, ihr innerstaatliches Recht gegebenenfalls anzupassen, auch wenn sie eventuell bisher noch nicht den RID- und CIM-Staatsverträgen angeschlossen waren.

Insgesamt hat sich die Kommission aber trotz erster Erfolge durch die Bahnreform in einigen Mitgliedstaaten und einem leichten Anstieg des Verkehrsaufkommens auf der Schiene in der Pflicht gesehen, ihre strategischen Ziele niederzuschreiben und die begleitenden Maßnahmen konkret zu beschreiben. Daher hat sie parallel zum Gesetzgebungsprozess für diese Richtlinien das erste **Weißbuch**[11] zu Verkehrsthemen erarbeitet und am 30. Juli 1996 vorgelegt. Der Schwerpunkt liegt, wie der Titel auch zeigt, auf dem Schienenverkehr:

> **„Eine Strategie zur Revitalisierung der Eisenbahn in der Gemeinschaft"**
> **KOM (96) 421 endg.**

Darin bekennt sich die Kommission zu dem wichtigen Beitrag, den der Schienenverkehr zu einer nachhaltigen Mobilität im 21. Jahrhundert leisten kann, und schlägt Maßnahmen vor, mit denen das System Bahn attraktiver gestaltet und der Marktanteil gesteigert werden kann. Diese beruhen unter anderem auf einer Analyse der Umsetzung der 91/440/EWG und der messbaren Veränderungen. Der Rückgang des Marktanteils wird vor allem mit hohen Preisen und Qualitätsmängeln erklärt. Das Konstrukt der Staatsbetriebe, die sich nicht auf Marktbedürfnisse einlassen müssen und finanziell zwar an die Staatshaushalte gebunden sind, aber genauso auch davon aufgefangen werden, wird als Ursache identifiziert. Die Kommission sieht die Lösung in neuen, staatsunabhängigen Unternehmen, die den Kräften des Marktes im positiven sowie im negativen Sinne ausgesetzt sind und für ihre Entscheidungen auch die Verantwortung übernehmen müssen.

Die Mitgliedstaaten sollen dafür zunächst die Schuldenlast der bestehenden Staatsbahnen ausgleichen und Beihilfen von Umstrukturierungsmaßnahmen abhängig machen, also für eine langfristige wirtschaftliche Überlebensfähigkeit sorgen. Dies ist eine Präzisierung der Festlegungen in der 91/440/EWG. Außerdem kündigt die Kommission weitere Schritte in Bezug auf die Marktöffnung an, nämlich die Erweiterung der Infra-

---

[11] Weißbücher sind Papiere, die Vorschläge für Maßnahmen der EU in einem speziellen Bereich enthalten. Sie folgen oft auf ein Grünbuch, das veröffentlicht wird, um einen europäischen Konsultationsprozess einzuleiten. Wird ein Weißbuch vom Rat positiv aufgenommen, kann es die Grundlage für ein Aktionsprogramm der Union im betreffenden Bereich bilden.

strukturzugangsrechte, vor allem für Güterverkehrsdienste, aber auch für öffentliche Personenverkehrs-dienste, Trennung von Netz und Betrieb in unterschiedliche Geschäftsbereiche und die Einführung von Ver-kehrsverträgen zwischen Staat und Betreibern. Zur Förderung des Schienenverkehrs als Teil eines europäi-schen intermodalen Verkehrssystems ist die Interoperabilität von besonderer Bedeutung. Dies soll durch die Harmonisierung von Regelwerken und technischen Anforderungen bei Neuinvestitionen erreicht werden. Auch der soziale Aspekt wird berücksichtigt: ohne Umstrukturierung gäbe es nach Ansicht der Kommission durch den weiteren Bedeutungsverlust des Schienenverkehrs einen signifikanten Personalabbau, der durch staatliche Maßnahmen abgefangen werden müsste. Durch die geforderten Umstrukturierungen wird es zwar eine Verschiebung der Arbeitsplätze innerhalb des Sektors geben, insgesamt würde er aber gestärkt daraus hervorgehen.

Die Maßnahmen, die von der Kommission vorgeschlagen werden, betreffen die politischen Rahmenbedin-gungen, die aber ohne die Unterstützung durch den gesamten Sektor keine Wirkung zeigen werden. Daher schließt der Text mit dem Aufruf: *„Fest steht, daß der Vollzug des anstehenden Strukturwandels einer großen kulturellen Umwälzung gleichkommt. Mit Selbstzufriedenheit ist niemandem gedient — die Bahn muß einen Wandel durchlaufen, um ihren Fortbestand als wichtiger Verkehrsträger im nächsten Jahrhundert zu sichern. Auf dieser Grundlage hat die Kommission das folgende Maßnahmenprogramm erstellt, das auf Gemein-schaftsebene umzusetzen ist. Die Kommission ruft alle Beteiligten auf, einen Beitrag zu dieser Initiative zu leisten und ergänzende Maßnahmen zu ergreifen, damit die Eisenbahn auch in Zukunft im europäischen Ver-kehrssystem eine wichtige Rolle spielen kann.“*

Richtlinien spiegeln zum Zeitpunkt ihrer Verabschiedung immer den bestmöglichen Kompromiss zwischen den Mitgliedstaaten wider. Dennoch versucht die Kommission in den meisten Fällen parallel zur Umsetzung in den Mitgliedstaaten an einer Verbesserung und Überarbeitung der verabschiedeten Dokumente zu arbei-ten. So auch im Schienenverkehr, was nur wenige Jahre später, im Jahr 2001, zur Veröffentlichung eines neuen Richtlinienpakets geführt hat, das später das **erste Eisenbahnpaket** genannt wurde.

3.2   Das erste Eisenbahnpaket

Mit dem ersten Eisenbahnpaket hat die EU ihren Bestrebungen, den europäischen Binnenmarkt auch auf Verkehrsdienstleistungen auf der Schiene auszuweiten und dafür faire Wettbewerbsbedingungen und die technische Harmonisierung voranzutreiben, Gesetzeskraft verliehen. Zu dem Paket gehören vier Richtlinien:

Richtlinie 2001/12/EG des europäischen Parlaments und des Rates vom 26. Februar 2001
zur Änderung der Richtlinie 91/440/EWG des Rates zur Entwicklung der Eisenbahnunternehmen
der Gemeinschaft

Richtlinie 2001/13/EG des europäischen Parlaments und des Rates vom 26. Februar 2001
zur Änderung der Richtlinie 95/18/EG des Rates über die Erteilung von Genehmigungen
an Eisenbahnunternehmen

Richtlinie 2001/14/EG des europäischen Parlaments und des Rates vom 26. Februar 2001
über die Zuweisung von Fahrwegkapazität der Eisenbahn, die Erhebung von Entgelten für die Nutzung
von Eisenbahninfrastruktur und die Sicherheitsbescheinigung

Richtlinie 2001/16/EG des europäischen Parlaments und des Rates vom 19. März 2001
über die Interoperabilität des konventionellen transeuropäischen Eisenbahnsystems

Mit der Richtlinie 2001/12/EG wurden die **Liberalisierungsbestrebungen** aus der 91/440/EWG erweitert. Da-für wurde gefordert, die Unternehmensbereiche für Infrastruktur und Verkehrsdienstleistungen endgültig bezüglich ihrer Bilanzen zu trennen, eine Regulierungsbehörde für den Wettbewerb einzuführen (in Deutsch-land die Bundesnetzagentur) und eine vollständige Öffnung des Güterverkehrs bis 2008 zu ermöglichen.

In der Richtlinie 2001/13/EG wird das Prinzip der *Genehmigungen* auch auf solche Verkehrsunternehmen ausgeweitet, die nicht grenzüberschreitend arbeiten. Außerdem wird die *Unabhängigkeit der Genehmigungsstelle* gefordert.

Die Richtlinie 2001/14/EG ersetzt die 95/19/EWG und weitet deren Regelungsbereich erheblich aus. Die Zuweisung von Trassen und Entgelten muss diskriminierungsfrei sein, die **Nutzungsbedingungen der Infrastruktur** müssen von den Betreibern veröffentlicht werden und die Infrastrukturbetreiber sollen auch international zusammenarbeiten. Desweiteren sollen unabhängige Regulierungsstellen den **diskriminierungsfreien Netzzugang** sicherstellen (in Deutschland ebenfalls die Bundesnetzagentur). Außerdem ist für den **grenzüberschreitenden Verkehr eine Sicherheitsbescheinigung** für jeden Staat notwendig.

Die vierte Richtlinie 2001/16/EG wird aufgrund des späteren Datums der Verabschiedung oft nicht direkt zum ersten Eisenbahnpaket dazugezählt. Sie hat allerdings mit der Ausweitung des Geltungsbereiches der Interoperabilität auf die konventionellen Netze eine kleine Revolution dargestellt. Damit hat die Kommission ihre im Weißbuch 1996 formulierte Forderung nach einer technischen und betrieblichen Zusammenführung der einzelstaatlichen Eisenbahnsysteme mit einer weiteren Maßnahme untersetzt.

Parallel zu diesen Gesetzgebungsverfahren hat die Kommission ein weiteres Weißbuch ausgearbeitet, das etwa ein halbes Jahr später am 12. September 2001 vorgelegt wurde:

„Die europäische Verkehrspolitik bis 2010: Weichenstellungen für die Zukunft"
KOM (2001) 370

Dieses Weißbuch bezieht sich nicht mehr allein auf den Verkehrsträger Bahn, sondern auf alle Verkehrsträger und ihr Zusammenspiel zur Förderung eines intelligenten, intermodalen Verkehrskonzepts der EU, das den umweltpolitischen, wirtschaftlichen und gesellschaftlichen Forderungen der Bürger möglichst nahe kommt. Es stellt auch dar, inwiefern die Maßnahmen mit wirtschaftspolitischen und Raum- und Stadtentwicklungsmaßnahmen einhergehen und sich in der Forschungs- und Wettbewerbspolitik niederschlagen sollen, letzteres insbesondere für den Schienenverkehr. Die wichtigsten Probleme, auf die sich Analysen und Maßnahmen dieses Weißbuches beziehen, sind

- Investitionen in die Infrastrukturen,
- Stärkung des Schienengüterverkehrs zur Vermeidung der Verkehrsüberlastung auf der Straße,
- neue Nahverkehrskonzepte zur Verminderung der CO_2-Emissionen,
- Erfüllung der Kundenbedürfnisse.

Für den Schienenverkehr werden zum einen die im Rahmen des ersten Eisenbahnpakets beschlossenen Erweiterungen dargestellt, zum anderen gibt es Hinweise auf Regelungen, die dann später im **zweiten Eisenbahnpaket** beschlossen wurden, das bereits seit Anfang 2000 ebenfalls parallel durch die Kommission vorbereitet wurde. Hierunter fallen die Zusammenführung der Interoperabilitätsrichtlinien für den konventionellen und Hochgeschwindigkeitsverkehr sowie die Verbesserung des Sicherheitsmanagements und schließlich die Gründung der Europäischen Eisenbahnagentur. Im Jahre 2002 sind dann, wie bereits erwähnt, die ersten TSI als Entscheidungen der Kommission veröffentlicht worden, die zuvor von der AEIF erarbeitet und im Artikel-21-Ausschuss verabschiedet wurden.

3.3   Das zweite Eisenbahnpaket

Mit diesem zweiten Eisenbahnpaket wurden nun wesentliche Weichenstellungen für die nachhaltige Veränderung der Struktur und Verantwortlichkeiten im europäischen Bahnsystem vorgenommen. Es wurde eine vollständige Liberalisierung des Güterverkehrs in die Wege geleitet, die ERA wurde tatsächlich gegründet und die Erarbeitung gemeinsamer Sicherheitsmethoden geregelt. Dafür sind drei Richtlinien und eine Verordnung verabschiedet worden:

Richtlinie 2004/49/EG des europäischen Parlaments und des Rates vom 29. April 2004
über Eisenbahnsicherheit in der Gemeinschaft und zur Änderung der Richtlinie 95/18/EG des Rates
über die Erteilung von Genehmigungen an Eisenbahnunternehmen und der Richtlinie 2001/14/EG
über die Zuweisung von Fahrwegkapazität der Eisenbahn, die Erhebung von Entgelten für die Nutzung
von Eisenbahninfrastruktur und die Sicherheitsbescheinigung
("Richtlinie über die Eisenbahnsicherheit")

Richtlinie 2004/50/EG des europäischen Parlaments und des Rates vom 29. April 2004
zur Änderung der Richtlinie 96/48/EG des Rates über die Interoperabilität des transeuropäischen Hoch-
geschwindigkeitsbahnsystems und der Richtlinie 2001/16/EG des Europäischen Parlaments und des Rates
über die Interoperabilität des konventionellen transeuropäischen Eisenbahnsystems

Richtlinie 2004/51/EG des europäischen Parlaments und des Rates vom 29. April 2004
zur Änderung der Richtlinie 91/440/EWG des Rates zur Entwicklung der Eisenbahnunternehmen
der Gemeinschaft

Verordnung (EG) Nr. 881/2004 des europäischen Parlaments und des Rates vom 29. April 2004
zur Errichtung einer Europäischen Eisenbahnagentur
("Agenturverordnung")

Mit der Sicherheitsrichtlinie 2004/49/EG sollte eine Verbesserung und Harmonisierung des **Sicherheitsma-**
nagements der Betreiber erreicht werden. Die Kommission hat diese Richtlinie für notwendig erachtet, weil
die EU insgesamt trotz Bahnreformen und Marktöffnung in den Mitgliedstaaten sowie der beginnenden technischen Harmonisierung noch weit von einer signifikanten Steigerung des Bahnverkehrs entfernt war. Als
eine der Ursachen wurde das von Mitgliedstaat zu Mitgliedstaat unterschiedliche Verständnis derjenigen betrieblichen und unternehmerischen Prozesse identifiziert, welche die technische und betriebliche Sicherheit
des Systems gewährleisten sollen. Das Sicherheitsniveau eines Betreibers aus einem anderen Land in Frage
zu stellen, wurde trotz des EU-seitig angestrebten Binnenmarkts von den Mitgliedstaaten auf der Schiene als
gegenseitige Markteintrittsbarriere missbraucht.

Die Erwägungsgründe machen jedoch klar, dass das bestehende Sicherheitsniveau des Systems Bahn in seiner Gesamtheit sehr hoch ist, insbesondere im Vergleich zum Straßenverkehr. Eine Verbesserung soll *in Über-*
einstimmung mit dem technischen und wissenschaftlichen Fortschritt und unter Berücksichtigung der Wett-
bewerbsfähigkeit der Eisenbahn, soweit nach vernünftigem Ermessen durchführbar, erfolgen. Um aber die
angestrebte Marktöffnung und Steigerung des Anteils am Gesamtverkehrsaufkommen zu erreichen, sollen
Maßnahmen eingeführt werden, die das Verständnis zum Thema Sicherheit innerhalb des Sektors unabhängig vom Staat angleichen.

Die Maßnahmen wurden mithilfe von Durchführungsverordnungen umgesetzt und umfassen unter anderem
die Einführung von

- Gemeinsamen Sicherheitszielen (Common Safety Targets CST), von den Mitgliedstaaten zu erreichen,
- Gemeinsamen Sicherheitsmethoden (Common Safety Methods CSM), durch deren Anwendung die CSTs
  erreicht werden sollen,
- Gemeinsamen Sicherheitsindikatoren (Common Safety Indicators CSI), mit denen die Zielerreichung
  messbar wird,
- Sicherheitsmanagementsystemen (SMS) bei Verkehrsunternehmen und Infrastrukturbetreibern,
  wodurch das System als Ganzes die geforderten CST erfüllen kann,
- Sicherheitsbescheinigungen für Verkehrsbetreiber und Sicherheitsgenehmigungen für Infrastrukturbe-
  treiber, die nachweisen, dass das Unternehmen ein SMS eingeführt hat, und die in einen allgemeinen
  Teil A und einen nationalen Teil B eingeteilt sind,
- einer nationalen Unfalluntersuchungsbehörde in jedem Mitgliedstaat, die nach vorgegebenen Regeln
  Unfälle ab einer definierten Schwere untersucht und öffentliche Berichte verfasst,

- einem Notifizierungsprozess für nationale Sicherheitsregeln, um unter der Führung der ERA europaweit eine Angleichung des Regelwerks zu erreichen.

Außerdem wurden die Aufgaben der Eisenbahnbehörden wiederum um die Erteilung der Sicherheitsbescheinigungen und -genehmigungen sowie die Überwachung der betrieblichen Umsetzung des SMS erweitert. Die Behörden nennen sich ab diesem Zeitpunkt in allen Mitgliedstaaten **Nationale Sicherheitsbehörden (National Safety Authorities, NSA)**. Und schließlich ist noch der Artikel-21-Ausschuss durch den im Art. 27 der Sicherheitsrichtlinie definierten Ausschuss erweitert worden. Eine kurze Zeit wurde er Artikel-21-27-Ausschuss genannt, bevor er im Jahr 2006 in **RISC (Railway Interoperability and Safety Committee)** umbenannt wurde.

Die Richtlinie 2004/50/EG führt die beiden bestehenden Interoperabilitätsrichtlinien zwar zusammen, bringt jedoch keine nennenswerten Neuerungen.

Durch die Richtlinie 2004/51/EG wird der Schienengüterverkehr bereits ab 2007 vollständig geöffnet.

Die Verordnung 881/2004 schließlich hat die *Gründung der ERA* und ihre Aufgabenfelder geregelt. Zum 1. Januar 2005 hat die Eisenbahnagentur ihre Arbeit aufgenommen und damit auch die AEIF bei der Erstellung der TSI abgelöst.

Das zweite Eisenbahnpaket hat die weitere Umstrukturierung des Systems Bahn mit stabilen Regelungen für Verantwortlichkeiten und Aufgaben unterstützt. Für etwa zehn Jahre gab es im Wesentlichen nur neue Regelungen bezüglich der technischen Harmonisierung (unter anderem im **dritten Eisenbahnpaket**), jedoch – bis zum **vierten Eisenbahnpaket** im Jahr 2016 – kaum Änderungen der politischen Rahmenbedingungen.

3.4   Das dritte Eisenbahnpaket

Das dritte Eisenbahnpaket wird auch „**Technical Package**" genannt, da mit seinen Richtlinien und Verordnungen keine grundsätzlich neuen politischen Rahmenbedingungen geschaffen wurden, sondern höchstens Regulierungsthemen angesprochen wurden. Stattdessen wurden vor allem bereits bestehende Regelungen anderer Verkehrsträger auf den Eisenbahnsektor übertragen:

**Richtlinie 2007/58/EG des europäischen Parlaments und des Rates vom 23. Oktober 2007
zur Änderung der Richtlinie 91/440/EWG des Rates zur Entwicklung der Eisenbahnunternehmen der
Gemeinschaft sowie der Richtlinie 2001/14/EG über die Zuweisung von Fahrwegkapazität der Eisenbahn
und die Erhebung von Entgelten für die Nutzung von Eisenbahninfrastruktur**

**Richtlinie 2007/59/EG des europäischen Parlaments und des Rates vom 23. Oktober 2007
über die Zertifizierung von Triebfahrzeugführern, die Lokomotiven und Züge im Eisenbahnsystem
in der Gemeinschaft führen**

**Verordnung (EG) Nr. 1370/2007 des europäischen Parlaments und des Rates vom 23. Oktober 2007
über öffentliche Personenverkehrsdienste auf Schiene und Straße und zur Aufhebung der Verordnungen
(EWG) Nr. 1191/69 und (EWG) Nr. 1107/70 des Rates**

**Verordnung (EG) Nr. 1371/2007 des europäischen Parlaments und des Rates vom 23. Oktober 2007
über die Rechte und Pflichten der Fahrgäste im Eisenbahnverkehr**

Mit der erneuten Änderung der 91/440 durch die Richtlinie 2007/58/EG wurde der grenzüberschreitende Schienenpersonenverkehr grundsätzlich bis 2010 liberalisiert. Ausnahmen werden dort gestattet, wo das wirtschaftliche Gleichgewicht eines öffentlichen Dienstleistungsvertrages gefährdet ist.

Richtlinie 2007/59/EG reguliert die **Zertifizierung von Triebfahrzeugführern**. Damit soll bei steigendem grenzüberschreitendem Verkehr die grenzüberschreitende Tätigkeit der Triebfahrzeugführer erleichtert werden. Die Richtlinie legt außerdem die **Mindestanforderungen zur Erlangung eines Triebfahrzeugführerscheins** fest.

Die Verordnung 1370/2007 schafft einen gemeinsamen Rahmen für die **Vergabe öffentlicher Dienstleis-
tungsaufträge im gesamten öffentlichen Verkehr innerhalb der EU**, also nicht nur Schienenverkehr. Die Verkehrsdienste sollen im Regelfall durch Ausschreibungen vergeben werden, falls sie von Dritten übernommen
werden. Eisenbahnverkehrsdienste können jedoch größtenteils davon ausgenommen werden.

Die Verordnung 1371/2007 legt **Rechte und Pflichten der Fahrgäste** im Eisenbahnverkehr fest. Es werden
unter anderem Regelungen für Haftungs- und Entschädigungsfälle getroffen sowie Informationspflichten
festgelegt.

In den Jahren nach der Veröffentlichung des dritten Eisenbahnpakets, von 2008 bis 2015, haben ERA, Sektor-
Organisationen und Kommission entsprechend ihren Mandaten aus der Agenturverordnung, der Sicherheits-
und der Interoperabilitätsrichtlinie viele wichtige Verordnungen und auch einige Richtlinien erarbeitet, die
vor allem die bestehenden Vorgaben technisch und inhaltlich konkretisieren, aber keine neuen Rahmenbedingungen schaffen. Neben der Überarbeitung aller TSI und der Erarbeitung sämtlicher CSM wird mit der
Überarbeitung der Interoperabilitätsrichtlinie 2004/50/EG durch die neue

**Richtlinie 2008/57/EG des Europäischen Parlaments und des Rates vom 17. Juni 2008
über die Interoperabilität des Eisenbahnsystems in der Gemeinschaft (Neufassung)**

das Inbetriebnahmeverfahren von Interoperabilitätskomponenten und Teilsystemen grundsätzlich vereinfacht. Allerdings ist zu diesem Zeitpunkt immer noch in jedem Staat eine eigene Zulassung notwendig und
die gegenseitige Anerkennung von Zulassungen wird kaum praktiziert. Desweiteren wird mit der

**Richtlinie 2008/110/EG des Europäischen Parlaments und des Rates vom 16. Dezember 2008
zur Änderung der Richtlinie 2004/49/49 über Eisenbahnsicherheit in der Gemeinschaft**

die Bedeutung der Instandhaltung von Fahrzeugen und Infrastrukturkomponenten durch die Einführung eines **Instandhaltungsmanagementsystems** und der Rolle der für die Instandhaltung zuständigen Stelle (*Entity
in Charge of Maintenance ECM*) hervorgehoben. Sie gibt damit den Rahmen für die nachfolgend erarbeitete
Zertifizierung der Güterwagen-ECMs.

Die Kommission arbeitete in dieser Zeit parallel auch an einem weiteren Weißbuch, das im März 2011 vorgelegt wurde:

**„Fahrplan zu einem einheitlichen europäischen Verkehrsraum – Hin zu einem
wettbewerbsorientierten und ressourcenschonenden Verkehrssystem"
KOM(2011) 144 endgültig**

Wie schon im Weißbuch von 2001 sind auch hier wieder alle Verkehrsträger angesprochen. Allerdings geht
es jetzt vor allem um ein Gesamtverkehrssystem, das einen ambitionierten Beitrag zur Verringerung der
Treibhausgasemissionen leisten kann, unter Berücksichtigung der tragenden Rolle der Mobilität für die gesellschaftlichen Prozesse. Der Handlungsbedarf zur Weiterentwicklung des Binnenmarkts wird eingeschätzt,
mit der Stärkung des Schienenverkehrs als eine der Optionen. Aber auch die multimodale Beförderung von
Reisenden ist Kernthema des Weißbuchs. Ein Teil der vorgeschlagenen Maßnahmen hat später Eingang ins
vierte Eisenbahnpaket gefunden. Konkrete Vorschläge in Bezug auf den Schienenverkehr sind:

- Zur Stärkung des einheitlichen europäischen Verkehrsraums soll ein **wirklicher Binnenmarkt für Schie-
  nenverkehrsdienste** realisiert werden durch
    o Öffnung inländischer Dienste für den europäischen Wettbewerb durch obligatorische, öffentli-
      che Ausschreibungen,
    o einheitliche Fahrzeugtypgenehmigungen und Sicherheitsbescheinigungen,
    o integrierte Verwaltung von Güterverkehrskorridoren, insbesondere auch in Bezug auf multimo-
      dalen Güterverkehr mit One-Stop-Shop, elektronischem Frachtbrief, Einsatz von Verfolgungs-
      und Ortungstechnologien sowie geeignete Haftungsregelungen,
    o diskriminierungsfreier Zugang zur Schieneninfrastruktur durch konsequente, strukturelle Tren-
      nung von Infrastrukturbetrieb und Verkehrsdienstleistung.

- Zur **Vermeidung von tödlichen Unfällen** und Erhöhung der Sicherheit wird vorgeschlagen,
  - o ein sektorweites Konzept für Sicherheitsbescheinigungen, evtl. auf Basis eines europäischen Standards, zu schaffen,
  - o die Rolle der ERA als Zulassungs- und Überwachungsbehörde zu stärken, insbesondere um Einhaltung national getroffener Sicherheitsmaßnahmen zu überwachen und solche Maßnahmen allmählich europaweit anzugleichen sowie die Zulassungsverfahren sicherheitskritischer Komponenten zu vereinheitlichen und zu verbessern,
  - o die Vorschriften zur Beförderung gefährlicher Güter an die Gegebenheiten intermodaler Verkehrsdienstleistungen anzupassen.

- Zur **Steigerung der Qualität und Zuverlässigkeit** der Dienstleistungen sollen eine einheitliche Auslegung der Passagierrechte erfolgen, Rahmenbedingungen für nahtlose Tür-zu-Tür-Beförderungen geschaffen und ein Konzept für Aufrechterhaltung der Mobilität im Störungsfall vorgelegt werden.

- Es sollen die bisher sehr zersplitterten Forschungsaktivitäten gebündelt, ein Rechtsrahmen für innovativen Verkehr entwickelt, das Bewusstsein für ein nachhaltiges Kundenverhalten geschaffen, eine integrierte urbane Mobilität unterstützt und neue Finanzierungskonzepte eingeführt werden.

Parallel dazu hat die Kommission in diesen Jahren das erste Eisenbahnpaket überarbeitet und modernisiert. Dieser sogenannte *Recast* hat im Jahr 2012 zu der sogenannten SERA-Richtlinie

**Richtlinie 2012/34/EU des Europäischen Parlaments und des Rates vom 21. November 2012
zur Schaffung eines einheitlichen europäischen Eisenbahnraums**

geführt (mit SERA für *Single European Railway Area*), in der die Richtlinien 91/440/EWG, 95/18/EG und 2001/14/EG zusammengelegt und überarbeitet, die wettbewerblichen Regeln konkretisiert und Serviceeinrichtungen der Entflechtungsregelung unterworfen worden sind.

3.5 Das vierte Eisenbahnpaket

Trotz der tiefgreifenden Maßnahmen der ersten drei Eisenbahnpakete haben sich weder die Wettbewerbssituation für den Schienenverkehr noch sein Anteil am Gesamtverkehrsaufkommen entscheidend verbessert. Auf Basis einer umfassenden **Folgenabschätzung** (*impact assessment*) und den Rückmeldungen aus der Branche hat die Kommission versucht, die Ursachen zu identifizieren. Diese sind übersichtlich in der Mitteilung der Kommission COM(2013) 25 dargelegt:

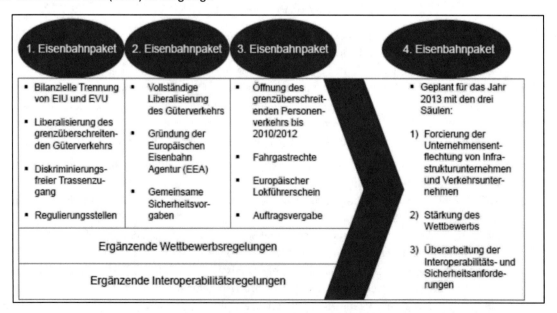

Abbildung 6: Der Weg zum Kommissionsentwurf des vierten Eisenbahnpakets (© VDB 2013)

- Weiteres Vorantreiben von Marktöffnung und der Trennung von Netz und Betrieb,
- Ausweitung der Kompetenzen und Aufgaben der ERA,
- Überarbeitung der Aufgaben der ERA und der nationalen Behörden,
- Vereinfachung und Vereinheitlichung des Zulassungsprozesses für Interoperabilitätskomponenten und Teilsysteme,
- Verschärfung der Ausschreibungsbedingungen.

Daraus ergaben sich zwei thematische Säulen: **Vollendung der Trennung von Netz und Betrieb und Stärkung des Wettbewerbs** (*Market Pillar* bzw. Marktöffnungssäule, später auch *political pillar* bzw. politische Säule) sowie die Erweiterung der Aufgaben der ERA und der nationalen Behörden (*Technical Pillar* bzw. technische Säule). Die Bestimmungen zur Unternehmensentflechtung sollten im ursprünglichen Kommissionsentwurf eine eigene Säule bilden und sehr viel schärfer ausfallen. Deren Vorlage wurde jedoch noch im Vorfeld durch die Lobbyarbeit großer europäischer Bahnunternehmen verhindert (vgl. Abbildung 6).

Allerdings war selbst der abgeschwächte, finale Kommissionsvorschlag, der Ende Januar 2013 veröffentlicht wurde, nicht unumstritten. Er ist im Sektor und den Mitgliedstaaten so unterschiedlich aufgenommen worden, dass sich die Gesetzgeber mit völlig gegensätzlichen Positionen der Lobbyisten, Interessenverbände und Regierungen auseinandersetzen mussten. Insbesondere die Marktöffnung für den Personenverkehr und die Trennung von Netz und Betrieb waren kaum kompromissfähig, trotz der Abschwächung im Vorfeld, ebenso wie die Erweiterung der Kompetenzen der ERA.

Da eine Einigung über die technische Säule leichter erreichbar schien, gab es eine getrennte Behandlung der beiden Säulen im Gesetzgebungsverfahren. Dennoch sind erst nach mehr als drei Jahren im April 2016 im Trilog schließlich die notwendigen Einigungen für beide Pfeiler zwischen Rat, Parlament und Kommission erzielt worden. Die Verabschiedung der Regelwerke der technischen Säule ist im Juli, die der Marktöffnungssäule schließlich im Dezember 2016 erfolgt.

Die **technische Säule** soll die Wettbewerbsfähigkeit des Schienenverkehrs gegenüber anderen Verkehrsträgern signifikant erhöhen, indem Kosten und Verwaltungsaufwand vor allem für solche Eisenbahnverkehrsunternehmen gesenkt werden, die grenzüberschreitend fahren wollen. Neben einer massiven Stärkung und Kompetenzerweiterung der ERA, bedeutet dies inhaltlich:

- Die ERA erteilt eine EU-weit gültige Sicherheitsbescheinigung an solche Unternehmen, die grenzüberschreitende Verkehrsdienste aufnehmen wollen. Damit entfällt der nationale Teil und es müssen künftig nicht mehr in jedem Mitgliedstaat separat nationale Anträge auf Sicherheitsbescheinigungen gestellt werden. Auch für die Zulassung von Fahrzeugen soll die ERA einziger Ansprechpartner werden, wenn diese für den Betrieb in mehreren Staaten gleichzeitig beantragt werden soll. Diese Rolle der ERA als *One Stop Shop* soll einfache, transparente und einheitliche Abläufe ermöglichen.

- Die Interoperabilität von ERTMS-Einrichtungen und -Anlagen wird sichergestellt.

- Die Vielzahl nationaler Vorschriften wird sukzessive reduziert, um die Transparenz im Regelwerk zu erhöhen und neue Unternehmen beim Markteinstieg vor versteckter Diskriminierung zu bewahren.

Dafür sind die Agenturverordnung, die Interoperabilitätsrichtlinie und die Sicherheitsrichtlinie überarbeitet worden:

Verordnung (EU) 2016/796 des europäischen Parlaments und des Rates vom 11. Mai 2016
über die Eisenbahnagentur der Europäischen Union
und zur Aufhebung der Verordnung (EG) Nr. 881/2004

Richtlinie (EU) 2016/797 des europäischen Parlaments und des Rates vom 11. Mai 2016
über die Interoperabilität des Eisenbahnsystems in der Europäischen Union
(Neufassung)

Richtlinie (EU) 2016/798 des europäischen Parlaments und des Rates vom 11. Mai 2016
über Eisenbahnsicherheit
(Neufassung)

Die wichtigsten nachfolgenden Durchführungsrechtsakte sind größtenteils wie geplant in der ersten Jahreshälfte 2018 verabschiedet worden. Auf deren Inhalte wird in den Kapiteln 7 und 9 detailliert eingegangen.

Die **politische Säule** soll die Liberalisierung des Schienenpersonenverkehrs vorantreiben, um die Angebotsauswahl und -qualität der Eisenbahndienstleistungen zu verbessern und damit letztlich den Anteil des Schienenverkehrs am Gesamtverkehrsaufkommen zu erhöhen. Dies soll erreicht werden, indem

-   alle Eisenbahnunternehmen, die in einem Mitgliedstaat niedergelassen sind, ab 2020 überall in der EU kommerzielle Dienstleistungen im Personenverkehr anbieten dürfen. Diese Wettbewerbssituation soll zu einer Verbesserung der Angebotsqualität mit Rücksicht auf die Kundenbedürfnisse und Kosteneffizienz führen.

-   die Unparteilichkeit der Infrastrukturbetreiber zur Vorbeugung gegen die Diskriminierung dritter Verkehrsunternehmen gefördert und Quersubvention in integrierten Konzernen verhindert wird.

-   die Vergabe öffentlicher Aufträge ab 2023 nur nach europaweiten Ausschreibungen durch die zuständige Behörde erfolgt und damit öffentliche Gelder eingespart werden können.

Dafür sind die Verordnung über öffentliche Personenverkehrsdienste, die SERA-Richtlinie und die ganz alte Verordnung über die Normalisierung der Konten der Eisenbahnunternehmen überarbeitet worden:

Verordnung (EU) 2016/2338 des europäischen Parlaments und des Rates vom 14. Dezember 2016
zur Änderung der Verordnung (EG) Nr. 1370/2007
hinsichtlich der Öffnung des Marktes für inländische Schienenpersonenverkehrsdienste

Richtlinie (EU) 2016/2370 des europäischen Parlaments und des Rates vom 14. Dezember 2016
zur Änderung der Richtlinie 2012/34/EU
bezüglich der Öffnung des Marktes für inländische Schienenpersonenverkehrsdienste
und der Verwaltung der Eisenbahninfrastruktur

Verordnung (EU) 2016/2337 des europäischen Parlaments und des Rates vom 14. Dezember 2016
zur Aufhebung der Verordnung (EWG) Nr. 1192/69 des Rates
über gemeinsame Regeln für die Normalisierung der Konten der Eisenbahnunternehmen

Zugehörige Durchführungsrechtsakte müssen von der Kommission bis Jahresende 2018 vorgelegt werden.

3.6 Die wichtigsten europäischen Eisenbahngesetze im Überblick

Im Folgenden sind die **wichtigsten, derzeit gültigen Rechtsakte** nach Themen geordnet aufgeführt (Stand Juli 2018).

-   Eisenbahnunternehmen in der Gemeinschaft und transeuropäische Netze
    o   **SERA-Richtlinie**: Richtlinie 2012/34/EU zur Schaffung eines einheitlichen europäischen Eisenbahnraums
    o   Richtlinie (EU) 2016/2370 zur Änderung der Richtlinie 2012/34/EU bezüglich der Öffnung des Marktes für inländische Schienenpersonenverkehrsdienste und der Verwaltung der Eisenbahninfrastruktur
    o   Verordnung (EU) Nr. 1315/2013 über Leitlinien der Union für den Aufbau eines transeuropäischen Verkehrsnetzes

-   Europäische Eisenbahnagentur
    o   **ERA-Verordnung**: Verordnung (EU) 2016/796 über die Eisenbahnagentur der Europäischen Union

o Durchführungsverordnung (EU) 2018/764 über die an die Eisenbahnagentur der Europäischen Union zu entrichtenden Gebühren und Entgelte und die Zahlungsbedingungen (gültig ab 16. Februar 2019)

- Interoperabilität
  o **Interoperabilitätsrichtlinie**: Richtlinie (EU) 2016/797 über die Interoperabilität des Eisenbahnsystems in der Europäischen Union (Neufassung)
  o Empfehlung 2014/897/EU zu Fragen bezüglich der Inbetriebnahme und Nutzung von strukturellen Teilsystemen und Fahrzeugen gemäß den Richtlinien 2008/57/EG und 2004/49/EG (für Fahrzeuge übergangsweise gültig bis spätestens 16.06.2020)
  o Durchführungsverordnung (EU) 2018/545 über die praktischen Modalitäten für die Genehmigung für das **Inverkehrbringen von Schienenfahrzeugen** und die Genehmigung von Schienenfahrzeugtypen gemäß der Richtlinie (EU) 2016/797 (Endgültig anzuwenden ab 16.06.2020)
  o TSI Verordnungen (strukturell)
    - **TSI CCS**: Verordnung (EU) 2016/919 über die Technische Spezifikation für die Interoperabilität der Teilsysteme „Zugsteuerung, Zugsicherung und Signalgebung" des transeuropäischen Eisenbahnsystems (Recast)
    - **TSI WAG**: Verordnung (EU) Nr. 321/2013 über die Technische Spezifikation für die Interoperabilität des Teilsystems „Fahrzeuge — Güterwagen" des Eisenbahnsystems in der Europäischen Union (mit Änderungsverordnungen 1236/2013 und 2015/924)
    - **TSI INF**: Verordnung (EU) Nr. 1299/2014 über die Technische Spezifikation für die Interoperabilität des Teilsystems „Infrastruktur" des Eisenbahnsystems in der Europäischen Union
    - **TSI PRM**: Verordnung (EU) Nr. 1300/2014 über die Technische Spezifikation für die Interoperabilität des Teilsystems bezüglich der Zugänglichkeit des Eisenbahnsystems der Union für Menschen mit Behinderungen und Menschen mit eingeschränkter Mobilität
    - **TSI ENE**: Verordnung (EU) Nr. 1301/2014 über die Technische Spezifikation für die Interoperabilität des Teilsystems „Energie" des Eisenbahnsystems in der Europäischen Union
    - **TSI LOC&PAS**: Verordnung (EU) Nr. 1302/2014 über eine technische Spezifikation für die Interoperabilität des Teilsystems „Fahrzeuge — Lokomotiven und Personenwagen" des Eisenbahnsystems in der Europäischen Union
    - **TSI SRT**: Verordnung (EU) Nr. 1303/2014 über die Technische Spezifikation für die Interoperabilität des Teilsystems bezüglich der „Sicherheit in Eisenbahntunneln" im Eisenbahnsystem der Europäischen Union
    - **TSI NOI**: Verordnung (EU) Nr. 1304/2014 über die Technische Spezifikation für die Interoperabilität des Teilsystems „Fahrzeuge — Lärm"
  o TSI Verordnungen (funktionell)
    - **TAP TSI**: Verordnung (EU) Nr. 454/2011 über die Technische Spezifikation für die Interoperabilität des Teilsystems „Telematikanwendungen für den Personenverkehr" des transeuropäischen Eisenbahnsystems (mit Änderungsverordnungen 665/2012 und 1273/2013)
    - **TAF TSI**: Verordnung (EU) Nr. 1305/2014 über die Technische Spezifikation für die Interoperabilität des Teilsystems „Telematikanwendungen für den Güterverkehr" des Eisenbahnsystems in der Europäischen Union
    - **OPE TSI**: Verordnung (EU) Nr. 995/2015 über die Technische Spezifikation für die Interoperabilität des Teilsystems „Verkehrsbetrieb und Verkehrssteuerung" des Eisenbahnsystems in der Europäischen Union

- Bahnpersonal (Interoperabilität)
  - o Richtlinie 2005/47/EG über bestimmte Aspekte der Einsatzbedingungen des fahrenden Personals im interoperablen grenzüberschreitenden Verkehr im Eisenbahnsektor
  - o **Tf-Richtlinie:** Richtlinie 2007/59/EG über die Zertifizierung von Triebfahrzeugführern
  - o Verordnung (EU) Nr. 36/2010 über die Gemeinschaftsmodelle für die Fahrerlaubnis der Triebfahrzeugführer, Zusatzbescheinigungen, beglaubigte Kopien von Zusatzbescheinigungen und Formulare für den Antrag auf Erteilung einer Fahrerlaubnis für Triebfahrzeugführer

- Eisenbahnsicherheit
  - o **Sicherheitsrichtlinie:** Richtlinie (EU) 2016/798 über Eisenbahnsicherheit (Neufassung)
  - o Richtlinie 2014/88/EU zur Änderung der Richtlinie 2004/49/EG in Bezug auf gemeinsame Sicherheitsindikatoren und gemeinsame Methoden für die Unfallkostenberechnung

  - o CSM Verordnungen
    - **CSM-CST:** Entscheidung 2009/460/EG über den Erlass einer gemeinsamen Sicherheitsmethode zur Bewertung der Erreichung gemeinsamer Sicherheitsziele
    - **CSM CA (SiBe):** Verordnung (EU) Nr. 1158/2010 über eine gemeinsame Sicherheitsmethode für die Konformitätsbewertung in Bezug auf die Anforderungen an die Ausstellung von Eisenbahnsicherheitsbescheinigungen (gültig bis 15. Juni 2025)
    - **CSM CA (SiGe):** Verordnung (EU) Nr. 1169/2010 über eine gemeinsame Sicherheitsmethode für die Konformitätsbewertung in Bezug auf die Anforderungen an die Erteilung von Eisenbahnsicherheitsgenehmigungen (gültig bis 15. Juni 2025)
    - **CSM CA:** Delegierte Verordnung (EU) 2018/762 über gemeinsame Sicherheitsmethoden bezüglich der Anforderungen an Sicherheitsmanagementsysteme (gültig ab 16. Juni 2019)
    - **CSM CA:** Durchführungsverordnung (EU) 2018/763 über die praktischen Festlegungen für die Erteilung von einheitlichen Sicherheitsbescheinigungen an Eisenbahnunternehmen (gültig ab 16. Juni 2019)
    - **CSM Supervision:** Verordnung (EU) Nr. 1077/2012 über eine gemeinsame Sicherheitsmethode für die Überwachung durch die nationalen Sicherheitsbehörden nach Erteilung einer Sicherheitsbescheinigung oder Sicherheitsgenehmigung (gültig bis 15. Juni 2019)
    - **CSM Supervision:** Delegierte Verordnung (EU) 2018/761 zur Festlegung gemeinsamer Sicherheitsmethoden für die Aufsicht durch die nationalen Sicherheitsbehörden nach Ausstellung einer einheitlichen Sicherheitsbescheinigung oder Erteilung einer Sicherheitsgenehmigung (gültig ab 16. Juni 2019)
    - **CSM Monitoring:** Verordnung (EU) Nr. 1078/2012 über eine gemeinsame Sicherheitsmethode für die Kontrolle, die von Eisenbahnunternehmen und Fahrwegbetreibern, denen eine Sicherheitsbescheinigung beziehungsweise Sicherheitsgenehmigung erteilt wurde, sowie von den für die Instandhaltung zuständigen Stellen anzuwenden ist
    - **CSM RA:** Durchführungsverordnung (EU) 2015/1136 zur Änderung der Durchführungsverordnung (EU) Nr. 402/2013 über die gemeinsame Sicherheitsmethode für die Evaluierung und Bewertung von Risiken

- Entity in Charge of Maintenance (Sicherheit)
  - o **ECM-Zertifizierung:** Verordnung (EU) Nr. 445/2011 über ein System zur Zertifizierung von für die Instandhaltung von Güterwagen zuständigen Stellen

- Wettbewerb, Beihilfen und Buchführung
  - o Verordnung (EU) 2016/2337 zur Aufhebung der Verordnung (EWG) Nr. 1192/69 über gemeinsame Regeln für die Normalisierung der Konten der Eisenbahnunternehmen
  - o Verordnung (EU) 2016/2338 zur Änderung der Verordnung (EG) Nr. 1370/2007 hinsichtlich der Öffnung des Marktes für inländische Schienenpersonenverkehrsdienste

- o Verordnung (EG) 169/2009 über die Anwendung von Wettbewerbsregeln auf dem Gebiet des Eisenbahn-, Straßen- und Binnenschiffsverkehrs
- Güterverkehr / Kombinierter Ladungsverkehr
  - o Richtlinie 92/106/EWG über die Festlegung gemeinsamer Regeln für bestimmte Beförderungen im kombinierten Güterverkehr zwischen Mitgliedstaaten
  - o Verordnung (EU) Nr. 913/2010 zur Schaffung eines europäischen Schienennetzes für einen wettbewerbsfähigen Güterverkehr
  - o Richtlinie 96/49/EG zur Angleichung der Rechtsvorschriften der Mitgliedstaaten für die Eisenbahnbeförderung gefährlicher Güter
- Fahrgastrechte
  - o Verordnung (EG) Nr. 1371/2007 über die Rechte und Pflichten der Fahrgäste im Eisenbahnverkehr

3.7 Quellen und weiterführende Literatur

Alle in diesem Kapitel genannten europäischen Rechtsakte und Veröffentlichungen können anhand ihrer Nummer und Bezeichnung auf der Internetseite des Amts für Veröffentlichungen der Europäischen Union unter http://eur-lex.europa.eu/homepage.html?locale=de in allen zum Zeitpunkt der Veröffentlichung gültigen Amtssprachen abgerufen werden

Verband der Bahnindustrie in Deutschland (VDB) e.V.: Hintergrundpapier 01/2013, Die Europäischen Eisenbahnpakete, Berlin, August 2013

4   Prozesse und Akteure der europäischen Eisenbahngesetzgebung

Der Gesetzgebungsprozess für das Eisenbahnregelwerk und seine inhaltliche Ausgestaltung folgen in der EU den in Kapitel 2 vorgestellten Prinzipien und Prozessen. Wie in jeder Branche beeinflussen letztlich aber die Besonderheiten und Rahmenbedingungen des Systems, wie die Inhalte aussehen und welche Akteure an der Gesetzgebung beteiligt werden. Ein gutes Beispiel für eine inhaltliche Besonderheit ist die Aufteilung des komplexen Bahnsystems in Teilsysteme, wodurch die grundlegenden Anforderungen an Bahnprodukte nicht schon in der Interoperabilitätsrichtlinie genannt werden, sondern erst in den nachgelagerten TSI-Verordnungen detailliert beschrieben werden.

4.1   Hierarchie des europäischen Bahnregelwerks

Das Eisenbahnregelwerk in den Mitgliedstaaten der Europäischen Union besteht, vereinfacht dargestellt, aus fünf Ebenen (Abbildung 7). Die Gesetzgebung der EU wirkt nur in der ersten Ebene, also ihren eigenen Rechtsakten. Über die Mandatierung der Normungsgremien im Rahmen des neuen Rechtsrahmens beeinflusst die EU aber auch die zweite Ebene. Erst danach folgen die Einflussbereiche der Mitgliedstaaten und Hersteller.

- Als oberstes stehen die Rechtsakte der EU, wie Richtlinien und ihre Durchführungsverordnungen. Die Richtlinien müssen in nationale Gesetze umgesetzt werden, die Verordnungen gelten direkt.

- Die TSI-und CSM-Verordnungen verweisen entsprechend des neuen Rechtsrahmens auf Normen, die sich darunter auf der zweiten Ebene befinden. Die Verordnungen verweisen auch auf UIC-Merkblätter, sofern die Inhalte noch nicht in Europäischen Normen genannt werden. Werden die Normen nicht angewendet, liegt die Nachweispflicht beim Hersteller, dass die in den Richtlinien genannten grundlegenden Anforderungen auf andere Weise erfüllt worden sind.

- Sind für die Nutzung der Infrastruktur oder aus anderen Gründen weitergehende nationale Regelungen notwendig, so werden diese auf der dritten Ebene geregelt. Nationale Gesetze, Normen und bahnspezifischen Regelwerke dürfen aber dem EU-Recht im Grundsatz nicht entgegenstehen. Gegebenenfalls muss eine explizite Ausnahmeregelung vorgesehen werden.

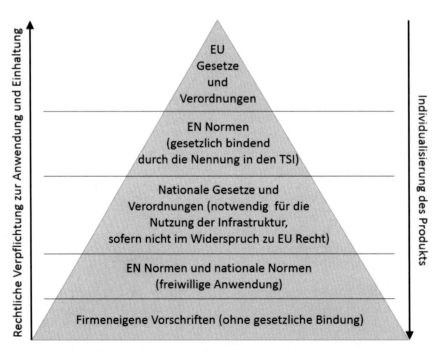

Abbildung 7: Regelwerkspyramide als Basis für Konstruktion, Zulassung und Betrieb von Bestandteilen des Systems Bahn innerhalb der EU

© Springer Fachmedien Wiesbaden GmbH, ein Teil von Springer Nature 2019
C. Salander, *Das Europäische Bahnsystem*, https://doi.org/10.1007/978-3-658-23496-6_4

- Die vierte Ebene umfasst alle Normen und andere bahnspezifische Regelwerke, deren Anwendung freiwillig erfolgen kann. Das liegt in der Verantwortung der Hersteller oder kann zum Beispiel in Ausschreibungen der Aufgabenträger, Verkehrsunternehmen oder Infrastrukturbetreiber gefordert werden.

- Schließlich liegt auf der untersten Ebene noch das firmeninterne Regelwerk des Herstellers oder Betreibers, das sich meist auf Produktions- oder Betriebsprozesse bezieht, die keine Auswirkungen auf die Interoperabilität des Systems Bahn haben.

4.2   Prozesse in Rechtsetzung und Normung

Unterbreitet die Europäische Kommission einen Vorschlag für einen Rechtsakt, in dem vielleicht auch nachfolgende Durchführungsverordnungen und anschließend noch Normung gefordert werden, beginnt ein aufwendiger Prozess der Regelwerkserstellung, der in den folgenden vier Abbildungen dargestellt wird. Aus Sicht der in Abschnitt 4.3 vorgestellten Branchenvertreter bietet dies aber auch die Chance der Einflussnahme.

Die Erarbeitung von Eisenbahnregelwerk beginnt mit einer Richtlinie und endet mit der Normung, was in acht wesentlichen Schritten zusammengefasst werden kann. Zunächst schlägt die Kommission einen Gesetzesentwurf vor (1). Um sicherzustellen, dass die fachlichen Belange der Branche ausreichend berücksichtigt werden, werden die betroffenen Branchenverbände über Online-Konsultationen in dieser Entwurfsphase zum ersten Mal offiziell mit eingebunden. Der Vorschlag wird in die Lesungen von Parlament und Rat gegeben. Nach deren Einigung auf einen Text, werden die Richtlinien erlassen (2).

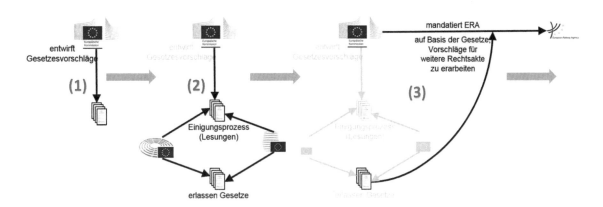

Abbildung 8: Schritt 1 - 3 der Regelwerksentwicklung

In den Richtlinien wird bei Bedarf die Erarbeitung von Durchführungsverordnungen, also der nachgeordneten Gesetzesebene, festgelegt. In diesen Durchführungsverordnungen werden viele bahnspezifische technische und prozessuale Details geregelt, die eine Beteiligung von Fachleuten erfordern. Daher wird die eigens dafür eingerichtete Europäische Eisenbahnagentur in die Erarbeitung mit der Erarbeitung von Vorschlägen beauftragt bzw. durch die Kommission mandatiert (3). Die Mandate können sich auch über Durchführungsverordnungen hinaus auf die Erarbeitung weiterer Richtlinien oder anderer Publikationen der Organe der EU erstrecken.

Die der ERA vorgeschriebene Arbeitsweise sieht vor, dass sie für jeden zu erarbeitenden Regelungsvorschlag eine Arbeitsgruppe mit ausgewiesenen Experten einrichtet. Diese Fachleute werden mit ihrem Lebenslauf, aus dem die persönliche Expertise ersichtlich sein muss, von den derzeit zwölf akkreditierten Branchenverbänden nominiert. Dies sind normalerweise Mitarbeiter der Mitgliedsunternehmen, können aber auch von den Verbänden beauftragte Berater sein. Außerdem hat jede nationale Eisenbahnbehörde das Recht, Mitarbeiter in die Arbeitsgruppen zu entsenden, die ihre Fachkenntnis allerdings nicht gesondert nachweisen müssen. Hier haben alle Beteiligten wiederum Gelegenheit, Einfluss auf die Regelungsinhalte zu nehmen. (4)

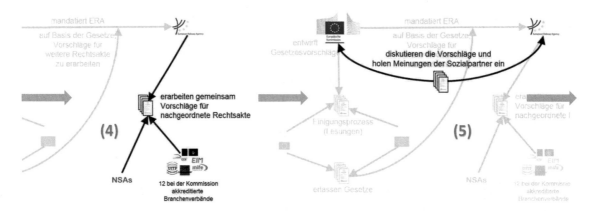

Abbildung 9: Schritt 4 und 5 der Regelwerksentwicklung

Ist ein Vorschlag erarbeitet, wird er der Kommission und im Rahmen des Sozialen Dialogs[12] den Sozialpartnern übermittelt (5). Die klassischen Sozialpartner, also Arbeitgeber- und Arbeitnehmervertreter, sind bereits über die akkreditierten Branchenverbände in den ERA-Arbeitsgruppen vertreten. An dieser Stelle geht es vor allem um weitere Sozialpartner wie Interessensverbände für Personen mit eingeschränkter Mobilität oder Interessensvertretungen von Reisenden. So können auch diese gesellschaftlichen Gruppen an der Erarbeitung der Vorschläge direkt mitwirken.

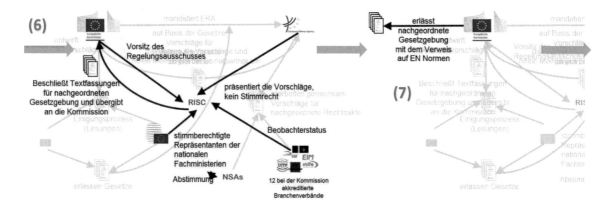

Abbildung 10: Schritt 6 und 7 der Regelwerksentwicklung

Die Kommission muss diesen abgestimmten Vorschlag nun in das Komitologieverfahren, also in das für Eisenbahnrecht zuständige *RISC*, geben (6). Die stimmberechtigten Vertreter der nationalen Verkehrsministerien haben sich im Regelfall mit den Fachleuten der nationalen Eisenbahnbehörden abgestimmt. Die Kommission führt den Vorsitz ohne eigenes Stimmrecht. Nicht-stimmberechtigte Vertreter der akkreditierten Branchenverbände haben einen Beobachterstatus, ebenfalls nicht-stimmberechtigte Vertreter der ERA präsentieren die Vorschläge. Um zu vermeiden, dass dieser oft mühsam erarbeitete Vorschlag im *RISC* abgelehnt wird, präsentiert die ERA regelmäßig Zwischenergebnisse aus den Arbeitsgruppen, so dass die nationalen Ministerien rechtzeitig Einwände und Verbesserungsvorschläge einbringen können. Die nicht-stimmberechtigten Vertreter haben zumindest die Möglichkeit, in diesem Verfahrensschritt Anmerkungen zu platzieren, die jedoch nicht berücksichtigt werden müssen. Änderungen am Vorschlag auf Basis der Ministeriumseinwände werden so lange diskutiert, bis im *RISC* Einigkeit erzielt wird. Hat sich das *RISC* auf einen Textvorschlag geeinigt, wird dieser im Namen der Kommission als nachgeordnete Gesetzgebung veröffentlicht (7).

---

[12] Instrument der Politikberatung der EU zur Beteiligung jeweils betroffener Gruppen, definiert in den EU-Verträgen

Über die Normung können Unternehmen und Branchenverbände schließlich noch einmal Einfluss nehmen (8), allerdings ausschließlich auf technische Aspekte des Systems Bahn und nicht auf eine Veränderung politischer Rahmenbedingungen gerichtet.

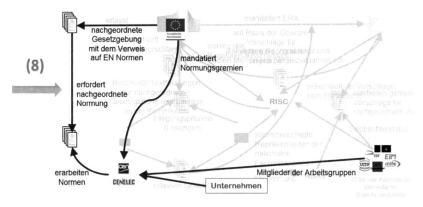

Abbildung 11: Schritt 8 der Regelwerksentwicklung

Zusätzlich zur offiziellen Einbindung der Branchenverbände über die eben genannten acht Schritte können Unternehmen und Verbände die Gelegenheit wahrnehmen, direkt mit den gesetzgebenden Institutionen in Kontakt zu treten. Den Vertretern von Kommission, Parlament, Rat, aber auch von nationalen Behörden und ERA sind dabei durch das EU-Recht klare Grenzen gesetzt, in welchem Umfang und welcher Ausgestaltung solche Kontakte stattfinden dürfen. Abbildung 12 zeigt die Vielzahl möglicher Beziehungen. Die Kontakte können zum Beispiel durch Übermittlung von Positionspapieren, Durchführung von Parlamentarischen Abenden oder direkte Gespräche gestaltet werden. Die Lobbyisten bringen so im Vorfeld oder während der Erarbeitung von Vorschlägen ihre speziellen Bedürfnisse und Meinungen zur Kenntnis, die ansonsten im Rahmen von Kompromissen innerhalb der Branchenvertreter nicht deutlich werden würden. Es geht also nicht darum zu bestechen, sondern den Mandatsträgern ein ausgewogenes Meinungsbild zu ermöglichen.

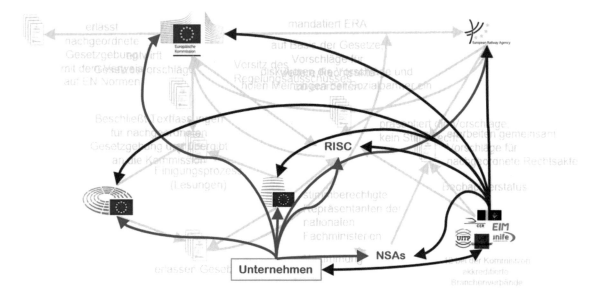

Abbildung 12: Kontaktwege zwischen Branchenvertretern und europäischen Institutionen

4.3   Akteure in Rechtsetzung und Normung

Die explizite Rolle der Branchenvertreter im Gesetzgebungsprozess ist im vorangegangenen Abschnitt beschrieben, die Prozessbeteiligten der EU-Institutionen selbst und ihre Rolle sind in Abschnitt 2.1 vorgestellt worden. Zwölf europäische Branchenverbände sind bei der EU als sogenannte „Representative Bodies from the Railway Sector" gelistet. Näher eingegangen wird außerdem auf die europäischen Eisenbahnbehörden und den Zusammenschluss der benannten Stellen zur Konformitätsbewertung, die im RISC und teilweise auch in den Arbeitsgruppen vertreten sind. Schließlich werden noch die deutschen Branchenverbände vorgestellt, da diese häufig auch direkt bei den europäischen Institutionen vor Ort aktiv sind. Das trifft auch auf die einzelnen Mitglieder der Branchenverbände zu. Gerade große Verkehrsunternehmen oder Systemhäuser unterhalten firmeneigene Vertretungen in Brüssel, um bei Konsultationen so direkt wie möglich auf die EU-Institutionen und andere Beteiligte einwirken zu können.

4.3.1 Europäische Branchenverbände

Die nachfolgend in alphabetischer Reihung aufgeführten europäischen Branchenverbände beteiligen sich zwar intensiv an der Eisenbahngesetzgebung, aber natürlich vertreten sie über diese Aufgabe hinaus alle Interessen ihrer Mitglieder gegenüber Politik, staatlichen und zwischenstaatlichen Institutionen oder auch anderen branchenrelevanten Akteuren.

ALE Autonomous Train Drivers' Unions of Europe
(Autonome Lokomotivführer-Gewerkschaften Europas)

 Die ALE ist ein Zusammenschluss von einzelnen Lokomotivführer-Gewerkschaften aus 16 europäischen Ländern, die insgesamt etwa 65.000 Lokomotivführer vertreten. Sie wurde 1989 von Deutschland, Italien, den Niederlanden und der Schweiz in Rom gegründet. Der Vertretungsanspruch der ALE weitet sich inzwischen auch auf weiteres Eisenbahnpersonal aus. Aus Deutschland ist die Gewerkschaft der Lokomotivführer (GdL) Mitglied.

Zweck der ALE ist es nach eigenen Aussagen, die „beruflichen, sozialen und materiellen Interessen der Einzelmitglieder in den angeschlossenen Gewerkschaften auf europäischer Ebene zu vertreten". Dafür konzentriert der Verband sich auf die Bereiche Ausbildung, Eisenbahnsicherheit, Arbeitsbedingungen, Sozialer Dialog und Gespräche mit anderen Sozialpartnern.

CER Community of European Railway and Infrastructure Companies
(bis 1996 CCFE-CER-GEB Gemeinschaft der Europäischen Bahnen)

 Die CER ist 1988 von 14 europäischen Staatsbahnen, darunter auch die damalige Deutsche Bundesbahn, ursprünglich als eigenständige Gruppe der UIC mit Büro in Brüssel gegründet worden, um die Interessen der Gründungsmitglieder gegenüber der EU direkt vor Ort vertreten zu können. 1996 wurde die CER ein eigenständiger Verband, unabhängig von der UIC. Seitdem hat sich die Mitgliederzahl auf heute 74 Mitglieder erhöht. Die Mitglieder sind mittlerweile keine Staatsbahnen mehr, sondern privatisierte Bahnkonzerne, wie die DB AG, aber auch einzelne Verkehrsunternehmen oder Infrastrukturbetreiber und Fahrzeugleasingunternehmen.

Die CER versteht sich selbst als „Stimme der Europäischen Bahnen" und sieht die eigene Rolle in der Interessenvertretung seiner Mitglieder auf der politischen und gesetzgebenden Bühne der EU. Nach ihrem Verständnis soll der Schienenverkehr so zu einem wettbewerbsfähigen Transportmittel werden, welches das Rückgrat für eine nahtlose Logistik im Zusammenspiel mit den anderen Transportmitteln bildet, und damit zu einer wettbewerbsfähigen europäischen Wirtschaft und dem Erreichen der Ziele zur Reduzierung von Treibhausgasemissionen beitragen.

EIM European Rail Infrastructure Managers
(Europäische Schieneninfrastrukturbetreiber)

 EIM vertritt ausschließlich Infrastrukturbetreiber und ist erst 2002 im Zuge der Liberalisierungspolitik der EU gegründet worden. Der Verband vertritt die Interessen seiner derzeit 15 Mitglieder in der EU und im Europäischen Wirtschaftsraum (EWR). Unter den Mitgliedern sind auch Infrastrukturbetreiber, die in Bahnkonzerne eingebunden sind, wie unter anderem SNCF Réseau und PKP Polskie Linie Kolejowe. Eine Besonderheit ist die Mitgliedschaft der Finnischen Verkehrsbehörde, die aber für den Erhalt und die Entwicklung der Betriebsqualität der staatlichen Infrastrukturen verantwortlich ist. EIM hat kein Mitglied aus Deutschland.

EIM selbst sieht seine Rolle darin, die Verbesserung von Qualität und Leistungsfähigkeit der Eisenbahninfrastruktur in Europa zu unterstützen und der Liberalisierung so zum Erfolg zu verhelfen, dass künftig ein offenes und nahtloses Schienennetz für einen sicheren und nachhaltigen Verkehr verfügbar sein wird. Dafür bietet EIM ein Forum für Zusammenarbeit und Austausch.

EPTTOLA European Passenger Train and Traction Operating Lessors Association
(Europäische Vereinigung von Leasingunternehmen für Reisezüge und Traktionseinheiten)

 EPTTOLA ist der jüngste der Branchenverbände und erst 2009 gegründet worden. Er vertritt privatwirtschaftliche Fahrzeugleasingunternehmen und hat zurzeit sechs Mitglieder, die allerdings in fast allen Ländern des Geltungsbereichs des EU-Eisenbahnrechts operativ tätig sind. Die Mitgliedschaft ist offen für Unternehmen aus der EU, dem EWR und EU-Kandidatenländern. Die Mitgliedsfirmen sind zwar größtenteils im Vereinigten Königreich angesiedelt, haben aber Büros auch in Deutschland.

Die Ziele von EPTTOLA betreffen gemäß eigener Darstellung eine angemessene Positionierung seiner Mitglieder im Rollengefüge des europäischen Bahnsystems und Fragen der technischen Mindestausrüstung der verpachteten Einheiten.

ERFA European Rail Freight Association
(Europäische Vereinigung für den Eisenbahngüterverkehr)

 Im Jahr 2002 ist auch ERFA gegründet worden, und zwar von einigen wenigen Eisenbahngüterverkehrsunternehmen, die im Zuge der Liberalisierung in der EU zuvor geschaffen worden sind. Daher repräsentierte ERFA zunächst vor allem Einsteiger, die auf freien Marktzugang und wettbewerbsfördernde wirtschaftliche Bedingungen angewiesen sind. Derzeit gibt es 30 Mitgliedsunternehmen aus 16 Ländern, unter denen sich auch bereits etablierte Unternehmen und unter anderem auch Wagenhalter, Personenverkehrsunternehmen und nationale Güterverkehrsverbände befinden. Deutsche Mitglieder sind Duisport Rail, MEV Eisenbahn-Verkehrsgesellschaft mbH aus Mannheim, VTG Rail Europe GmbH sowie die inzwischen europaweit agierende IBS (Interessengemeinschaft der Bahnspediteure e.V.) und das ebenfalls über Deutschland hinausgehende Netzwerk Europäischer Eisenbahnen e.V. (früher Netzwerk Privatbahnen).

ERFA steht nach eigener Aussage hinter der europäischen Politik, für den Schienenverkehr einen wettbewerbsorientierten, offenen EU-Binnenmarkt mit fairen und transparenten Bedingungen zu schaffen. Dafür will der Verband Bemühungen um Nachhaltigkeit und umweltfreundlichen Verkehr genauso unterstützen wie die schnelle Einführung von ERTMS.

ETF European Transport workers' Federation
(Verband der Europäischen Arbeitnehmer im Verkehrssektor)

 In der ETF sind über 230 Gewerkschaften aus allen Verkehrsbereichen mit insgesamt 3,5 Mio Arbeitnehmern organisiert. Sie entstand 1999 aus der „Federation of Transport Workers' Unions in the European Union" und Gewerkschaften aus europäischen nicht-EU-Ländern. Die

Mitgliedsgewerkschaften kommen daher aus 41 Ländern. Die Eisenbahnsektion der Europäischen Transportgewerkschaft ETF vereint 83 Eisenbahnergewerkschaften aus 37 Ländern unter ihrem Dach und repräsentiert damit ca. 850.000 Arbeitnehmer aus der Branche. Das Steuerungsgremium der Sektion setzt sich neben dem Präsidenten und fünf weiteren Mitgliedern unter anderem auch aus einer Vertreterin der Frauen bei der Bahn und einem Vertreter oder einer Vertreterin von jungen Arbeitnehmern zusammen. Das deutsche Mitglied ist die Eisenbahn- und Verkehrsgewerkschaft EVG, die 2010 aus dem Zusammenschluss von GDBA und Transnet hervorging.

Die Kampagnen der ETF fokussieren auf die möglichen Folgen der Liberalisierung: Abbau von Zugpersonal oder Auswirkungen durch die Trennung von Netz und Betrieb.

FEDECRAIL European Federation of Museum & Tourist Railways
(Europäische Föderation der Museums- und Touristikbahnen)

FEDECRAIL wurde 1994 gegründet, als die Betreiber von Museums- und Touristikbahnen eine stärkere Zusammenarbeit in einem sich entwickelnden Europa fördern wollten. Zurzeit hat der Verband 42 Mitglieder aus 24 Ländern und vertritt damit etwa 650 Museumsbahnen und Eisenbahnmuseen. Die Mitglieder sind nationale Dachverbände, Einzelvereine werden nur aufgenommen, wenn es keinen Dachverband gibt. Der Verband Deutscher Museums- und Touristikbahnen (VDMT) vertritt seinerseits 103 Bahnen und Museen.

Laut Satzung der FEDECRAIL sind deren „vordringlichste Ziele die Kooperation und gegenseitige Unterstützung, das Erkennen und Lösen von gemeinsamen Problemen und die gemeinsame Interessenvertretung auf europäischer Ebene". Es entwickelte sich mit der Zeit eine enge Zusammenarbeit mit den Institutionen der EU, durch die mittels Ausnahmeregelungen in der Gesetzgebung sichergestellt wurde, dass moderne Anforderungen an die technische Ausrüstung der Fahrzeuge und Infrastruktur nicht den Museumsbetrieb mit Betriebsmitteln der alten Technik verhinderten. Die erfolgreiche Kooperation führte im Jahr 2014 dazu, dass die Föderation in die „Group of Representative Bodies" und damit in diese Liste aufgenommen wurde.

NB-Rail Asscociation
(Vereinigung der benannten Stellen)

Die NB-Rail Association wurde im Jahr 2015 als Ergänzung zu der später in Abschnitt 4.3.3 beschriebenen Koordinierungsgruppe der benannten Stellen gegründet. Sie ist eine Non-Profit-Organisation unter belgischem Recht.

Ihr Auftrag ist zum einen die Unterstützung der Koordinierungsgruppe in Bezug auf die Außenwirkung. Zum anderen konnte erst mit dieser Gründung die Mitarbeit der benannten Stellen als eine der akkreditierten Branchenvertreter über die rechtlich festgelegte Beteiligung der Koordinierungsgruppe im RISC hinaus institutionalisiert werden. Damit konnte auch der Auftrag, als Schnittstelle zu anderen Branchenvertretern zu agieren, auf eine offizielle Ebene gehoben werden.

UNIFE Association of the European Rail Industry
(Vereinigung der europäischen Bahnindustrie)

UNIFE repräsentiert seit 1992 die europäische Herstellerindustrie im Schienenverkehrssektor. Die Vereinigung ist aus drei Vorläuferorganisationen hervorgegangen, die getrennt die Hersteller von Wagen, Triebfahrzeugen und Infrastruktur vertreten haben. Mit dem Zusammenschluss sollte die Position der Hersteller im 1993 realisierten europäischen Binnenmarkt gestärkt werden. Mit seinen 88 Mitgliedsunternehmen und 15 nationalen oder produktbezogenen Verbänden deckt UNIFE 84% des europäischen und 46% des weltweiten Marktanteils Eisenbahnprodukten und -dienstleistungen ab. Der Verband der Deutschen Bahnindustrie (VDB) ist einer der nationalen Verbände.

UNIFE versteht sich als Dienstleister seiner Mitgliedsunternehmen und fördert die Branche hauptsächlich durch eine enge Begleitung der europäischen Gesetzgebungsaktivitäten und außereuropäischer Handelsabkommen und durch die Entwicklung der in Abschnitt 8.7 näher beschriebenen IRIS[13] Zertifizierung und der Leitung des IRIS Management Centre, mit der als Ergänzung zum Qualitätsmanagementsystem in den Unternehmen ein hoher Qualitätsstandard der Schienenverkehrsprodukte gesichert wird. Aber auch durch Marktstudien oder Forschungsunterstützung trägt UNIFE zur Entwicklung der Bahnbranche bei.

UIP International Union of Private Wagons
(Internationaler Verband der Privatwageneinsteller)

 UIP ist ein seit langem existierender Verband, dessen Mitglieder nationale Verbände waren, in denen diejenigen Unternehmen direkt organisiert waren, die eigene Güterwagen ohne Traktionsmittel besaßen. Der Verband vertrat früher die Interessen seiner Mitglieder gegenüber den Staatsbahnen, in deren Züge die Wagen zu deren Konditionen eingestellt werden mussten. Die Mitglieder der UIP sind heute 14 nationale, europäische Verbände, so auch der Verband der Güterwagenhalter in Deutschland e.V. (VPI).

UIP sieht seine Rolle in der Mitarbeit in den europäischen Gesetzgebungsverfahren, wobei die speziellen Fragestellungen für Güterwagen natürlich im Vordergrund stehen. Dies sind zum Beispiel Lärmreduktion, die Zertifizierung der Wagenhalter als Instandhalter ihrer eigenen Flotte oder auch Vereinfachung der Zulassungsverfahren.

UITP International Association of Public Transport
(Internationale Vereinigung des Öffentlichen Verkehrs)

 UITP ist der älteste der internationalen Verbände, er wurde bereits 1885 von führenden Straßenbahnbetreibern als „Union Internationale de Tramways / Internationaler Permanenter Straßenbahn-Verein" gegründet, mit 63 Mitgliedsunternehmen aus neun Ländern. Im Laufe der Jahre hat sich der Verband an die Entwicklungen im Verkehrswesen angepasst und sich für alle Unternehmen des öffentlichen Verkehrs geöffnet, unabhängig vom Transportmittel. Heute hat die UITP über 1.500 Mitgliedsunternehmen aus mehr als 96 Ländern auf allen Kontinenten, zu denen auch Hersteller und Behörden zählen, davon 132 Mitglieder aus Deutschland.

UITP sieht sich nach eigener Darstellung als leidenschaftlichen Vertreter einer urbanen Mobilität, die sich durch Nachhaltigkeit, Steigerung der Lebensqualität und wirtschaftliches Wachstum auszeichnet. Dafür bietet UITP die Plattform für seine Mitgliedsunternehmen, um sich auszutauschen und voneinander zu profitieren. Der Verband übernimmt das Wissensmanagement und die Auseinandersetzung mit den Entscheidern.

UIRR International Union of combined Road-Rail transport companies
(Internationale Vereinigung für den kombinierten Verkehr Schiene-Straße)

 UIRR wurde 1970 anlässlich der zweiten internationalen Verkehrsausstellung von den sieben ersten Mitgliedunternehmen in München gegründet. 1992 ist die UIRR nach Brüssel umgesiedelt, um bei der EU für die Lobbyarbeit vor Ort zu sein. 1997 hat sich der Verband für alle im kombinierten Verkehr tätigen Betreiber geöffnet. Heute gibt es 39 Mitgliedgesellschaften, die ca. 80% des Gesamtgütervolumens abdecken, das im kombinierten Verkehr befördert wird, und unter denen auch fünf deutsche Unternehmen sind.

Neben der Koordinierung der Zusammenarbeit der Mitgliedgesellschaften beschreibt die UIRR ihre Aufgaben in der Weiterentwicklung des kombinierten Verkehrs in Europa, in der Verteidigung der Interessen der Mitglieder, um in den entsprechenden Märkten die Organisation und Vermarktung dieses intelligenten Güter-

---

[13] IRIS = International Rail Industry Standard

beförderungssystems sicherzustellen. Ein wichtiges Thema war lange Jahre die Rollende Landstraße. Zusätzlich ist die UIRR seit 2011 mit der Verwaltung des ILU-Eigentümercodes beauftragt, der zur Identifizierung jeder europäischen intermodalen Ladeeinheit darzustellen ist.

4.3.2 Nationale Eisenbahnbehörden

Die Gründung der Nationalen Eisenbahnbehörden beruht, wie in Kapitel 3 ausgeführt, auf den Forderungen der europäischen Richtlinien nach wirtschaftlicher Eigenständigkeit der (früheren) Staatsbahnen, also deren Unabhängigkeit vom Staatshaushalt. Diese führte dazu, dass die Aufgaben zur Überwachung von Betrieb, Sicherheit und Investitionen von den Bahnen zu einer staatlichen Behörde übergegangen sind. Die genauen Aufgaben sind in den EU-Richtlinien festgelegt und betreffen neben der Festlegung der Sicherheitsnormen und -vorschriften, der Erteilung von Sicherheitsbescheinigungen und der Überwachung ihrer Anwendung und des Betriebs noch die Erteilung der Inbetriebnahmegenehmigungen für interoperable (Sub)Systemkomponenten.

Mit dem Inkrafttreten des zweiten Eisenbahnpakets hießen diese Behörden **National Safety Authorities (NSAs)** und sind über das *Network of National Safety Authorities* direkt in den EU-Gesetzgebungsprozess eingebunden. Daneben sind die meisten NSA seit langem auch in der informellen Gemeinschaft ILGGRI organisiert (International Liaison Group of Government Railway Inspectorates). Weltweit gibt es in allen Ländern mit Eisenbahnen solche Institutionen zur Überwachung, die immer seltener in die bestehenden Staatsbahnen integriert sind. Zumeist arbeiten sie auch außerhalb der EU inzwischen als eigenständige Behörden (zum Beispiel USA, China, Australien, Südafrika).

In Deutschland nimmt diese Aufgaben das **Eisenbahn-Bundesamt (EBA)** wahr. Einige (zufällig ausgewählte) Beispiele der entsprechenden Pendants in anderen EU-Mitgliedstaaten sowie Norwegen und Schweiz sind:

- Établissement Public de Sécurité Ferroviaire (EPSF Frankreich)
- Agenzia Nazionale per la Sicurezza della Ferrovie (ANSF Italien)
- Valsts Dzelzcela Tehniska Inspekcija (VDZTI Lettland)
- Inspectie Leefomgeving en Transport (ILT Die Niederlande)
- Eisenbahnbehörde im Ministerium für Verkehr, Innovation und Technologie (BMVIT Österreich)
- Urzad Transportu Kolejowego (UTK Polen)
- Autoritatea Feroviara Romana (AFER Rumänien)
- Transportstyrelsen (Schweden)
- Bundesamt für Verkehr (BAV Schweiz)
- Office of Rail & Road (ORR Vereinigtes Königreich)

4.3.3 Zusammenschluss der benannten Stellen zur Konformitätsbewertung (NB-Rail)

 Die benannten Stellen, die entsprechend der europäischen Gesetzgebung im neuen Rechtsrahmen die Konformität eines Produktes mit den darin festgelegten Anforderungen bescheinigen, sind für ihren jeweiligen Anwendungsbereich EU-weit zusammengeschlossen, so auch für die Eisenbahnthemen. Die Koordinierungsgruppe wurde zunächst Ende der 1990er Jahre mit Inkrafttreten der ersten Interoperabilitätsrichtlinie als Arbeitsgruppe vom damaligen Artikel-21-Ausschuss, heute RISC gegründet. Die Gruppe war damit fester Bestandteil der Konsultationen zur europäischen Eisenbahngesetzgebung. Mit der Richtlinie 2008/57/EG ist festgelegt worden, dass die Kommission diese Koordinierungsgruppe einrichten muss, was in die aktuelle Interoperabilitätsrichtlinie (EU) 2016/797 übernommen wurde. Der offizielle Name lautet seitdem **NB-Rail Coordination Group** (Koordinierungsgruppe der benannten Stellen).

Die Aufgaben von NB-Rail sind vorgeschrieben und umfassen die Erarbeitung von Empfehlungen zur konkreten Anwendung der Gesetze und Verordnungen (Recommendation for Use = RFU) sowie das Vorbringen von offenen Fragen vor die Kommission und von Beiträgen zu deren Klärung. Außerdem dient die Gruppe als Schnittstelle zu anderen Akteuren, insbesondere der ERA.

Die deutsche benannte Stelle Eisenbahn-Cert ist Mitglied der Koordinierungsgruppe.

4.3.4 Deutsche Branchenverbände

Die meisten europäischen Verbände haben in den Mitgliedstaaten nationale Pendants. Sie übernehmen im Wesentlichen vergleichbare Aufgaben in der politischen und fachlichen Mitarbeit auf nationaler Ebene, sind aber häufig auch direkt bei den europäischen Institutionen aktiv. Auf die deutschen Verbände ist zum Teil ja schon im vorhergehenden Abschnitt kurz eingegangen worden. An dieser Stelle sollen sie im Detail, wieder in alphabetischer Reihenfolge, vorgestellt werden.

IBS Interessengemeinschaft der Bahnspediteure e.V.
(seit 2016 auch International Rail Freight Business Association)

Die IBS ist 1996 als Interessenvertretung der verladenen Wirtschaft gegründet worden und hat heute 47 Mitgliedsfirmen aus 14 Ländern. Aktive Mitglieder sind Bahnspediteure, assoziierte Mitglieder sind Firmen und Organisationen, die den Zweck des Vereins unterstützen wollen.

Das Ziel der IBS ist nach eigenen Angaben die Schaffung von Rahmenbedingungen zur Förderung der Stellung von Bahnspeditionen und des Verkehrsträgers Schiene. Dafür soll die Zusammenarbeit mit den Bahnen unterstützt und Einfluss auf verkehrspolitische Entscheidungen zum Ausbau eines leistungsfähigen Güterverkehrsnetzes als echte Alternative zum Straßengüterverkehr genommen werden. Zusätzlich wird die zentrale Bestellerfunktion für Waggonverkehre unter der Regie der IBS entwickelt.

NEE Netzwerk Europäischer Eisenbahnen e.V.
(vormals Netzwerk Privatbahnen)

Das NEE ist im Jahr 2000 von sogenannten NE-Bahnen gegründet worden, also Bahnen, die sich nicht im Bundeseigentum befinden. Die 50 Mitgliedsunternehmen sind ausschließlich im Schienengüterverkehr tätig, die Satzung lässt an sich aber alle Unternehmen zu, die Schienenverkehr betreiben oder „sich in anderer Weise mit Eisenbahnbetrieb befassen".

Der Zweck des Vereins ist laut Satzung vor allem die Weiterentwicklung der Bedingungen für einen fairen Wettbewerb auf der Schiene mit diskriminierungsfreien und betreiberneutralen Regelungen, aber es soll auch das öffentliche Bewusstsein für die ökologische Bedeutung des Schienenverkehrs gestärkt werden. Schließlich sollen noch Kooperationen und Erfahrungsaustausch gefördert werden.

VDB Verband der Bahnindustrie in Deutschland e.V.

Der VDB ist 1991 durch den Zusammenschluss des „Verbands der Deutschen Lokomotivindustrie (VDL)" und des „Verbands der Deutschen Waggonindustrie (VdW)" entstanden, in der Mitte des 20. Jahrhunderts die beiden wichtigsten Verbände der Schienenfahrzeugindustrie. Wenig später sind noch die Mitgliedsunternehmen des „Verbands der Deutschen Elektro- und Klimaindustrie für schienengebundene Personen und Güterfahrzeuge" beigetreten sind. Die Geschichte dieser Verbände ist sehr lang und wechselvoll: Bereits 1877 wurde der „Verband deutscher Lokomotivfabriken" gegründet, der in den folgenden hundert Jahren jedoch verschiedene Umbenennungen und Verbandsneugründungen erlebte. Der VDB hat heute über 130 Mitglieder von großen Systemhäusern zu Mittelständlern aus allen Bereichen der Branche.

Der VDB engagiert sich für ein faires und kooperatives Geschäftsverhältnis zwischen Systemhäusern und Zulieferindustrie, um die Bahnindustrie zu stärken. Über den fachlichen Austausch der Mitglieder und die Interessenvertretung gegenüber anderen Akteuren im System und der Politik will der Verband zukunftsfähige

Rahmenbedingungen für den Schienenverkehr und die Bahntechnik in Deutschland und Europa schaffen. Letztlich soll damit durch ein exzellentes und wirtschaftliches Bahnsystem mehr nachhaltiger Verkehr auf die Schiene gebracht werden.

VDMT Verband Deutscher Museums- und Touristikbahnen e.V.

 1993 haben sich die seit den 1950er, 60er Jahren gegründeten privaten Sammlungen historischer Eisenbahnfahrzeuge und die daraus entstandenen Museumsbahnen zu einem Dachverband, dem VDMT, zusammengeschlossen. Die derzeit 103 Mitglieder, davon 13 öffentliche Museen, sind zu 85% gemeinnützige Vereine. Der Verband ist aber auch offen für Werkstätten, Ingenieurbüros, Verlage oder Einzelpersonen. Der betriebsfähige Gesamtbestand beläuft sich auf ca. 100 Lokomotiven (zur Hälfte Dampflokomotiven) und fast 1000 Wagen und befördert und empfängt jährlich etwa 2,5 Millionen Fahrgäste und rund 300.000 Museumsbesucher. Mit wachsenden Ansprüchen von Fahrgästen, (ehrenamtlichen) Mitarbeitern und Aufsichtsorganen brauchten die Bahnen eine Dachorganisation, die auf deutscher und europäischer Ebene auf politische Entscheidungen Einfluss nimmt.

VDV Verband deutscher Verkehrsunternehmen e.V.

 Die Gründung des VDV ist durch den Fall der Mauer im Herbst 1989 möglich geworden. In der Bundesrepublik Deutschland war bereits 1949 der „Verband öffentlicher Verkehrsbetriebe (VÖV)" gegründet worden, nur vier Monate nach dem Mauerfall entstand der satzungsgleiche „VÖV-DDR". Beide Verbände schlossen sich schon ein Jahr später, im November 1990, gemeinsam mit dem „Bundesverband Deutscher Eisenbahnen, Kraftverkehre und Seilbahnen (BDE)" zum VDV zusammen. Die Geschichte der Gründungsverbände geht ihrerseits auf den 1846 gegründeten „Verband der Preußischen Eisenbahnen" und den 1895 ins Leben gerufenen „Verein Deutscher Straßen- und Kleinbahnverwaltungen" zurück. Heutzutage hat der Verband rund 600 Mitgliedsunternehmen des öffentlichen Personenverkehrs und des Schienengüterverkehrs.

Die Aufgaben des VDV bestehen vor allem in der Beratung seiner Mitgliedsunternehmen und politischer Entscheidungsträger, in der Pflege des Erfahrungsaustausches und in der Erarbeitung technischer, betrieblicher, rechtlicher und wirtschaftlicher Grundsätze. Wie bei der UIC erarbeiten Fachausschüsse fachlich breit abgestimmte technische und betriebliche Regelwerke mit Normencharakter, **VDV-Richtlinien** genannt.

VPI Verband der Güterwagenhalter in Deutschland e.V.
(vormals Vereinigung der Privatgüterwagen-Interessenten)

VPI Der VPI ist bereits 1921 als Interessenvertretung gegenüber den Staatsbahnen gegründet worden und hat heute 222 Mitglieder, die rund 74.000 Güterwagen vermieten, vorwiegend Kesselwagen. Der Großteil der Mitglieder sind Vermieter von Eisenbahngüterwagen, es sind aber auch Betriebe der Chemischen Industrie und der Mineralölwirtschaft als Wagenmieter sowie Werke für den Neu- und Umbau und die Instandhaltung von Güterwagen dabei.

Der VPI beschreibt seine Aufgaben in der Vertretung von Branchenanliegen im politischen und öffentlichen Raum durch die Mitarbeit in Gremien zum Schienengüterverkehr. Damit sollen die Rahmenbedingungen für den nationalen und internationalen freizügigen Einsatz privater Güterwagen und die Wettbewerbsfähigkeit auf der Schiene verbessert sowie eine ausgewogene Sicherheits- und Umweltpolitik im Eisenbahnwesen erreicht werden. Außerdem werden technische und rechtliche Serviceleistungen geboten.

4.4   Quellen und weiterführende Literatur

Skizze des Gesetzgebungsprozesses, dargestellt auf http://www.era.europa.eu/Core-Activities/Interoperability/Pages/home.aspx

Homepage der *Autonomous Train Drivers' Unions of Europe* (ALE): http://www.ale.li/

Homepage der *Community of European Railway and Infrastructure Companies* (CER): http://www.cer.be/

Homepage der *European Rail Infrastructure Managers* (EIM): http://www.eimrail.org/

Homepage der European Passenger Train and Traction Operators Lessors Association (EPTTOLA): http://www.epttola.eu/

Homepage der *European Rail Freight Association* (ERFA): http://www.erfarail.eu/

Homepage der *European Transport Workers' Federation* (ETF): http://www.itfglobal.org/en/transport-sectors/railways/

Homepage der *European Federation of Museum & Tourist Railways* (FEDECRAIL): http://www.fedecrail.org/

Homepage der *NB-Rail Association* und der *NB-Rail Coordination Group*: http://nb-rail.eu/

Homepage der *Association of the European Rail Industry* (UNIFE): http://www.unife.org/

Homepage der *International Union of Private Wagons* (UIP): http://www.uiprail.org/

Homepage der *International Association of Public Transport* (UITP): http://www.uitp.org/

Homepage der *International Union of combined Road-Rail transport companies* (UIRR): http://www.uirr.com/

Homepage des Eisenbahn-Bundesamtes (EBA): http://www.eba.bund.de/

Homepage der Interessengemeinschaft der Bahnspediteure (IBS): http://www.ibs-ev.com/

Homepage des Netzwerks Europäischer Eisenbahnen (NEE): http://www.netzwerk-bahnen.de/

Homepage des Verbands der Bahnindustrie in Deutschland (VDB): http://bahnindustrie.info/

Homepage des Verbands deutscher Museums- und Touristikbahnen (VDMT): http://www.vdmt.de/

Homepage des Verbands deutscher Verkehrsunternehmen (VDV): https://www.vdv.de/

Homepage des Verbands der Güterwagenhalter in Deutschland (VPI): https://www.vpihamburg.de/

5 Umsetzung des Eisenbahnregelwerks der Europäischen Union

Die Umsetzungspflicht der europäischen Rechtsakte in nationales Recht gilt natürlich auch für das Eisenbahnregelwerk. Aber nicht nur die Mitgliedstaaten der EU setzen dies in ihre nationale Eisenbahngesetzgebung um, sondern auch die EFTA-Staaten Norwegen, Liechtenstein und die Schweiz. Vor allem in der Schweiz als Transitland mitten in Europa ist die Umsetzung und Anwendung des Regelwerks für die bahnseitige Nutzung der Strecken der Transeuropäischen Verkehrsnetze (TEN-T) vorteilhaft.

Auch wenn die inhaltliche Umsetzung von Richtlinien Sache der Mitgliedstaaten ist, wird im Rahmen der Zusammenarbeit der Verkehrsministerien und auch der Eisenbahnbehörden (beim *NSA Network* oder in ILGGRI) versucht, eine größtmögliche Übereinstimmung zu erzielen und nationale Alleingänge zu vermeiden.

Wie ausführlich in Kapitel 3 dargestellt, dient das Eisenbahnregelwerk der EU vor allem dem marktwirtschaftlich freien Zugang zur Infrastruktur im Binnenmarkt, unter Berücksichtigung der netzspezifischen technischen Gegebenheiten. Bei seiner Umsetzung und den damit verbundenen Veränderungen muss auch die Wirtschaftlichkeit möglicher Investitionen berücksichtigt werden. Insgesamt soll das System Bahn nicht neu erfunden, sondern zu einem nachhaltig wirtschaftlich erfolgreichen Verkehrsträger weiterentwickelt werden.

5.1 Verbindung von europäischen und internationalen Regelwerken

Eine wirtschaftlich verträgliche Weiterentwicklung führt aber zwangsläufig dazu, dass die in Kapitel 1 beschriebenen technischen Vereinheitlichungen und Staatsverträge in das EU-Regelwerk integriert werden bzw. darauf verwiesen wird. Diese haben mit ihrer langen Historie, die in organisierter Form 1846 mit der Gründung des Vereins preußischer Eisenbahnverwaltungen begann und im 20. Jahrhundert die UIC-Merkblätter und zwischenstaatlichen Verträge geliefert hat, ihre grundlegende Bedeutung auch im jetzigen liberalisierten Markt beibehalten und werden daher entweder in europäische Gesetzgebung und Normung überführt oder ihrerseits durch diese ergänzt.

Eine der historischen Aufgaben der UIC ist die Harmonisierung des technischen und betrieblichen Eisenbahnregelwerks mit dem Ziel einer weltweiten Stärkung des Eisenbahnverkehrs. Die UIC führt das heutzutage in Übereinstimmung mit regionalen und internationalen Standardisierungsbemühungen durch, so dass sich die Regelwerke inhaltlich nicht widersprechen. Umgekehrt verweisen die TSI nicht nur auf Normen, sondern auch auf UIC-Merkblätter, wenn darin harmonisierte Regelungen getroffen wurden, die bereits mit den grundlegenden Anforderungen aus der Interoperabilitätsrichtlinie kompatibel sind. Damit ist sichergestellt, dass die Weiterentwicklung des europäischen Bahnsystems auch der zunehmenden Globalisierung der Hersteller und Zulieferunternehmen sowie der Betreiber Rechnung trägt.

OTIF gibt im Rahmen des *Übereinkommens über den internationalen Eisenbahnverkehr COTIF*, basierend auf dessen Anhang F (APTU), die sogenannten Einheitlichen Technischen Vorschriften (ETV) heraus. Diese ETV stellen zum Großteil eine direkte Übernahme der EU-Verordnungen, insbesondere der TSI, dar.

Aufgrund der weit über die EU hinausgehenden Mitgliederstruktur von OTIF findet so das EU-Regelwerk seinen Einzug auch in andere Regionen der Welt. Damit wird es für international arbeitende Hersteller immer wichtiger, die Fahrzeuge gemäß europäischem Regelwerk auszulegen und zu bauen.

5.2 Umsetzung der EU-Rechtsakte in das deutsche Gesetzeswerk

Mit der Umsetzung der Richtlinie 91/440/EWG hat 1994 in der Bundesrepublik Deutschland eine fundamentale Umgestaltung des Bahnsystems begonnen, die aufgrund der kontinuierlichen Weiterentwicklung der europäischen Rechtsakte noch lange nicht beendet sein wird. Beispielhaft für diesen Prozess, der so oder so ähnlich in allen Mitgliedstaaten der EU stattgefunden hat und auch weiter stattfindet, wird an dieser Stelle die wichtigsten Bausteine des betroffenen deutschen Eisenbahnregelwerks vorgestellt. Im Zuge der Bahnreform wurden zusätzlich die beiden bisher existierenden deutschen Bahnunternehmen, Deutsche Bundes-

© Springer Fachmedien Wiesbaden GmbH, ein Teil von Springer Nature 2019
C. Salander, *Das Europäische Bahnsystem*, https://doi.org/10.1007/978-3-658-23496-6_5

bahn und Deutsche Reichsbahn, rechtlich vereinigt und zur Deutsche Bahn AG umgewandelt. Diese Struktur-
reform, eine einzigartige Folge des Falls der Berliner Mauer und des Eisernen Vorhangs in Europa, wurde
auch im Art. 87e des Grundgesetzes verankert.

Die Richtlinie 91/440/EWG hat zum Gesetz zur Neuordnung des Eisenbahnwesens (**Eisenbahnneuordnungs-
gesetz – EneuOG**) geführt, das am 27.12.1993 vom Bundestag mit Zustimmung des Bundesrates beschlossen
wurde. In diesem Artikelgesetz werden in fünf Artikeln fünf Gesetze festgelegt, die nachfolgend immer wieder geändert und an neues oder geändertes EU-Recht oder an nationale Weiterentwicklungen angepasst
wurden:

- Art. 1 Gesetz zur Zusammenführung und Neugliederung der Bundeseisenbahnen (**Bundeseisenbahnneu-
  gliederungsgesetz – BEZNG**), zuletzt geändert am 8. Juli 2017: Zusammenführung der Bundeseisenbahnen, Gründung des Bundeseisenbahnvermögens (BEV) mit Verwaltungsaufbau, Haushalts- und Wirt-
  schaftsführung, Übernahme der beamtenrechtlichen Organisationen und Einheiten.

- Art. 2 Gesetz über die Gründung einer Deutsche Bahn Aktiengesellschaft (**Deutsche Bahn Gründungsge-
  setz – DBGrG**), zuletzt geändert am 31. August 2015: unter anderem mit der Festlegung (Art. 25) innerhalb der Deutsche Bahn Aktiengesellschaft mindestens die Bereiche "Personennahverkehr", "Personen-
  fernverkehr", "Güterverkehr" und "Fahrweg" organisatorisch und rechnerisch voneinander zu trennen
  und die Vermögenswerte den jeweiligen Bereichen zuzuordnen.

- Art. 3 Gesetz über die Eisenbahnverkehrsverwaltung des Bundes (**Bundeseisenbahnverkehrsverwal-
  tungsgesetz – BEVVG**), zuletzt geändert am 27. Juni 2017: definiert Rollen und Aufgaben des Eisenbahn-
  Bundesamtes und der Regulierungsbehörde.

- Art. 4 Gesetz zur Regionalisierung des öffentlichen Personennahverkehrs (**Regionalisierungsgesetz –
  RegG**), zuletzt geändert am 23. Dezember 2016: Regelung der Versorgung der Bevölkerung mit Dienstleistungen im öffentlichem Nahverkehr als Daseinsvorsorge und Übergabe der Verantwortung an die
  Länder. Das Gesetz bezieht sich auch auf Verordnung (EG) Nr. 1370/2007 über öffentliche Personenverkehrsdienste.

- Art. 5 **Allgemeines Eisenbahngesetz (AEG)**: Neufassung des Gesetzes vom 29. März 1951, zuletzt geändert am 20. Juli 2017 zur Umsetzung der Richtlinien 91/440/EWG, 2004/49/EG (Sicherheitsrichtlinie) und
  2008/57/EG (Interoperabilitätsrichtlinie) bzw. deren Änderungsrichtlinien. Außerdem wird auch die Verordnung (EG) Nr. 445/2011 zur ECM-Zertifizierung im AEG berücksichtigt.

Mit der **Eisenbahnunternehmer-Berufszugangsverordnung (EBZugV)** wurde Richtlinie 95/18/EG über die Erteilung von Genehmigungen an Eisenbahnunternehmen umgesetzt.

Das erste Eisenbahnpaket der EU ist, mit Ausnahme der Interoperabilitätsrichtlinie 2001/16/EG für den konventionellen Schienenverkehr, mit der Eisenbahninfrastruktur-Benutzungsverordnung (EIBV) vom 3. Juni
2005, zuletzt geändert am 22. Dezember 2011, umgesetzt worden. Darin wurden der diskriminierungsfreie
Netzzugang und die Grundsätze zur Trassenpreiserhebung festgelegt. Mit Wirkung vom 29. August 2016 ist
die EIBV in das **Eisenbahnregulierungsgesetz (ERegG)** übergegangen, das seinerseits die SERA-Richtlinie
2012/34/EU umsetzt. Die Trassenpreisregelungen werden durch Regelungen zu den Stationspreisen ergänzt.

Die Regelungen der Interoperabilitätsrichtlinien sind, soweit nicht durch das AEG erfasst, im Wesentlichen in
der Verordnung über die Interoperabilität des transeuropäischen Eisenbahnsystems (**Transeuropäische-Ei-
senbahn-Interoperabilitätsverordnung – TEIV**) vom 5. Juli 2007, zuletzt geändert am 12. Mai 2016, umgesetzt worden. Eine vollständige Umsetzung der alten Interoperabilitätsrichtlinie ist aber noch nicht erreicht
worden, ebenso wurden die nationalen Zulassungsverfahren für Fahrzeuge und Infrastruktur in Deutschland
nach wie vor sehr unterschiedlich gehandhabt. Um beidem gerecht zu werden, hat der deutsche Gesetzgeber
beschlossen, auf eine weitere Überarbeitung und Anpassung der TEIV zu verzichten und stattdessen eine
völlig neue Verordnung zu erlassen. Im Juli 2018 ist der Text für eine Verordnung über die Einteilung von

Inbetriebnahmegenehmigungen für das Eisenbahnsystem (**Eisenbahn-Inbetriebnahmegenehmigungsverordnung – EIGV**) von Bundestag und Bundesrat verabschiedet und im August 2018 im Bundesgesetzblatt veröffentlicht worden. Die Namensänderung berücksichtigt die Erweiterung auf nationale Verfahren, welche an die europäischen Zulassungsverfahren angeglichen werden sollen. Auf beide Verordnungen wird in Abschnitt 9.5 vertieft eingegangen.

Die Sicherheitsrichtlinie 2004/49/EG findet sich, abgesehen von der Umsetzung im AEG, ebenfalls in geringem Umfang in der TEIV wieder. Vor allem aber sind ihre Vorschriften eingegangen in die

- Verordnung über die Sicherheit des Eisenbahnsystems (**Eisenbahn-Sicherheitsverordnung – ESiV**), vom 5. Juli 2007, zuletzt geändert am 19. November 2015,

- Verordnung über die Untersuchung gefährlicher Ereignisse im Eisenbahnbetrieb (**Eisenbahn-Unfalluntersuchungsverordnung – EUV**) vom 5. Juli 2007,

- Verordnung über die Bestellung und Bestätigung sowie die Aufgaben und Befugnisse von Betriebsleitern für Eisenbahnen (**Eisenbahnbetriebsleiterverordnung – EBV**) vom 7. Juli 2000, zuletzt geändert am 10. Oktober 2016, sowie der zugehörigen Eisenbahnbetriebsleiter-Prüfungsverordnung EBPV.

Die Triebfahrzeugführer-Richtlinie 2007/59/EG ist in der Verordnung über die Erteilung der Fahrberechtigung an Triebfahrzeugführer sowie die Anerkennung von Personen und Stellen für Ausbildung und Prüfung (**Triebfahrzeugführerscheinverordnung – TfV**) vom 29. April 2011, zuletzt geändert am 26. Juli 2017, sowie der zugehörigen Triebfahrzeugführerschein-Prüfungsverordnung – TfPV umgesetzt worden.

Insbesondere im Güterverkehr spielt auch das Gesetz über die Beförderung gefährlicher Güter (**Gefahrgutbeförderungsgesetz - GGBefG**) vom 6. August 1975, zuletzt geändert am 26. Juli 2016, eine wichtige Rolle, das unter anderem die Gefahrgut-Richtlinie 96/49/EG umsetzt.

Die Regelungen des vierten Eisenbahnpakets sind noch nicht in deutsches Recht umgesetzt worden.

5.3 Quellen und weiterführende Literatur

UIC-Merkblätter können über http://www.shop-etf.com/en/leaflets-irs erworben werden

Das COTIF Regelwerk ist online auf http://otif.org/de/?page_id=172 abrufbar

Alle hiergenannten deutschen Gesetze sind mithilfe der genannten Bezeichnung online über die Internetseite https://www.bgbl.de/ des Bundesanzeiger Verlags und auf der Homepage der gemeinsamen Initiative des Bundesministeriums der Justiz und für Verbraucherschutz und der juris GmbH https://www.gesetze-im-internet.de/ abzurufen

6 Vereinheitlichung nationaler Eisenbahnregelwerke

Da sich alle Mitgliedstaaten der EU zur Vereinheitlichung des Systems Bahn als einem entscheidenden Baustein zur Wettbewerbsfähigkeit gegenüber anderen Verkehrsträgern bekannt haben, müssen die nationalen Eisenbahnregelwerke nach und nach an die europäischen Vorgaben angepasst werden. Dies betrifft sowohl die organisatorische und regulatorische Seite, als auch die technische Ausführung der Produktionsmittel sowie betriebliche Regeln. Neue Produktionsmittel müssen grundsätzlich EU-Regelwerk genügen, bestehende und neue nationale betriebliche Regeln dürfen der Interoperabilität nicht (mehr) im Wege stehen.

Trotz dieser Bemühungen gelten insbesondere für die Zulassung von Fahrzeugen jedoch in jedem Mitgliedstaat nach wie vor eine Vielzahl unterschiedlicher, zum Teil sich widersprechender Regeln, wodurch multinationale Zulassungen stark erschwert werden. Einige dieser Regelwerke spiegeln netzspezifische Gegebenheiten wider, so dass sie erhalten, aber allgemein zugänglich gemacht werden müssen. Regelungen ohne diese technische oder betriebliche Rechtfertigung, die vielleicht sogar noch im Widerspruch zu europäischem Recht stehen, müssen allerdings außer Kraft gesetzt werden.

6.1 Notifizierung von nationalem Regelwerk

Grundlage für die Anpassung des Regelwerks ist zunächst einmal die **Erfassung** sämtlicher **Regelwerke mit Gesetzescharakter**, mit denen der grenz- und netzüberschreitende Infrastrukturzugang durch Anforderungen an die technische Beschaffenheit oder das betriebliche Sicherheitsniveau beschränkt wird. Dafür sind die Mitgliedstaaten verpflichtet, der Europäischen Kommission ihr nationales Sicherheits- und technisches Regelwerk bekanntzugeben, also zu notifizieren. Anschließend erfolgt eine **Bewertung** der Regelwerke durch die ERA im Auftrag der Kommission. Dieses Verfahren der Notifizierung und Prüfung wird in den Art. 25 bis 27 der Agenturverordnung vorgegeben.

Es müssen auch alle Regelwerke bekannt gegeben werden, die sich im Entwurf befinden, um sicherstellen zu können, dass diese mit Inkrafttreten nicht gegen EU-Grundsätze verstoßen. Die Kommission führt in diesen Fällen parallel zu ihrer eigenen Bewertung eine öffentliche Konsultation durch und berücksichtigt die Kommentare.

Die Notifizierung der nationalen Sicherheitsregeln (**NNSR**) wurde mit der ersten Sicherheitsrichtlinie eingeführt und nach Art. 8 und Anhang II der Richtlinie 2016/798/EU in sechs Typen eingeteilt:

1. Vorschriften über bestehende nationale Sicherheitsziele und Sicherheitsmethoden.

2. Vorschriften über Anforderungen für Sicherheitsmanagementsysteme und die Sicherheitsbescheinigung von Eisenbahnunternehmen.

3. gemeinsame Betriebsvorschriften für das Eisenbahnnetz, die noch nicht Gegenstand von TSI sind, einschließlich Vorschriften für das Signalgebungs- und das Verkehrssteuerungssystem.

4. Vorschriften über Anforderungen für zusätzliche unternehmensinterne Betriebsvorschriften, die von Infrastrukturbetreibern und Eisenbahnunternehmen erlassen werden müssen.

5. Vorschriften über Anforderungen an das mit sicherheitsrelevanten Aufgaben betraute Personal, einschließlich Auswahlkriterien, medizinischer Eignung, Schulung und Zulassung, die noch nicht Gegenstand einer TSI sind.

6. Vorschriften über die Untersuchung von Unfällen und Störungen.

Die Forderung nach der Notifizierung nationaler technischer Regeln (**NNTR**) wurde zum ersten Mal bereits in der konventionellen Interoperabilitätsrichtlinie 2001/16/EG formuliert, um auch die Zulassung von nicht-TSI-konformen Teilsystemen offen zu halten. Bei der Zusammenführung der Richtlinien zur Interoperabilität des Hochgeschwindigkeits- und des konventionellen Verkehrs im zweiten Eisenbahnpaket ist diese Forderung

© Springer Fachmedien Wiesbaden GmbH, ein Teil von Springer Nature 2019
C. Salander, *Das Europäische Bahnsystem*, https://doi.org/10.1007/978-3-658-23496-6_6

beibehalten worden. Die nach Art. 14 der aktuellen Interoperabilitätsrichtlinie (EU) 2016/797 zu notifizierenden technischen Regeln bestehen nach Art. 13 derselben Richtlinie für jedes Teilsystem also aus solchen Regeln, die eine Erfüllung der grundlegenden Anforderungen auch dann sicherstellen sollen, wenn keine einschlägige TSI vorliegt, eine Ausnahme dazu festgelegt wurde oder Sonderfälle nicht durch relevante TSIs abgedeckt werden. Auch Regelwerke, mit denen die Netzkompatibilität eines Fahrzeugs bewertet wird, oder solche, die nicht im Geltungsbereich der TSI liegende Infrastrukturen und Fahrzeuge betreffen, gehören dazu. Außerdem umfassen die NNTR dringliche Präventionsmaßnahmen nach Unfällen und Ereignissen. Die Anwendung der NNTRs darf jedoch nicht zu einem Widerspruch mit europäischem Regelwerk führen.

Die Unterstützung der Interoperabilitätsbestrebungen hat bereits mit Art. 27 der alten Interoperabilitätsrichtlinie 2008/57/EG dazu geführt, dass die Erfassung der nationalen Regelwerke über ein Referenzdokument[14] von der ERA in Zusammenarbeit mit den NSAs erfolgt ist. Das sollte zu einer Vergleichbarkeit aller Regelwerke führen und multinationale Zulassungen erleichtern. Um dies auch tatsächlich zu erreichen, wurden im Anhang VII der Richtlinie 27 übergeordnete Parameter mit zahlreichen Spezifizierungen definiert, denen die Regelwerke zugeordnet werden müssen. Die Parameterliste wurde 2015 von der ERA aktualisiert und zu 14 Hauptparametern zusammengefasst[15]. Zusätzlich erfolgt eine Einteilung in drei Klassen A, B und C:

- Klasse A umfasst internationale nationale Normen und nationale Vorschriften, die hinsichtlich der grundlegenden Anforderungen im Eisenbahnsektor als den nationalen Vorschriften anderer Mitgliedstaaten gleichwertig gelten.

- Klasse B umfasst alle Vorschriften, die nicht in die Gruppen A oder C fallen oder die noch nicht in eine dieser Gruppen eingestuft werden konnten.

- Klasse C umfasst Vorschriften, die im Hinblick auf einen sicheren und interoperablen Betrieb auf dem Netz strikt notwendig sind und mit den technischen Merkmalen der Infrastruktur in Zusammenhang stehen.

In der neuen Interoperabilitätsrichtlinie ist dieser Anhang in Art. 14 (10) überführt worden. Darin wird festgelegt, dass Durchführungsrechtsakte auf Basis der bereits bestehenden Verordnungen und der *von der Agentur auf dem Gebiet der länderübergreifenden Anerkennung erzielten Fortschritte* von der Kommission verabschiedet werden sollen. Damit soll die *Einstufung der notifizierten nationalen Vorschriften in verschiedene Gruppen* festgelegt werden, *um die gegenseitige Anerkennung in verschiedenen Mitgliedstaaten und das Inverkehrbringen von Fahrzeugen, einschließlich der Kompatibilität zwischen ortsfester und mobiler Ausrüstung, zu erleichtern.* Die Einstufung an sich wird von der ERA vorgenommen.

6.2　Die Datenbanken Notif-IT und RDD

Die Kommission hat zur Erleichterung des Notifizierungsprozesses ein Webtool entwickelt, **Notif-IT** (Notifications using Information Technology), über das die Mitgliedstaaten ihre Regelwerke übermitteln und diese dann anschließend der Öffentlichkeit zugänglich gemacht werden können. Dadurch wird es Unternehmen, die in anderen Mitgliedstaaten tätig werden wollen, erleichtert, Zugang zu relevanten nationalen Regelwerken zu erhalten. Insgesamt wurden für die EU-28 ca. 1400 Regelwerke erfasst (ohne Malta und Zypern, aber mit Norwegen und der Schweiz). Ein Großteil des technischen Regelwerks ist allerdings noch nicht in der Datenbank hinterlegt, da es sich noch im Notifizierungsprozess befindet und von der ERA auf seine Verträglichkeit mit europäischem Regelwerk hin überprüft wird.

Der Anteil an NNTRs, der speziell für die Fahrzeugzulassung relevant ist, wird von den NSAs in die **Reference Document Database (RDD)** eingestellt, die von der ERA verwaltet wird. Es wurden über 14.000 einzelne Re-

---

[14] Beschluss 2011/155/EU über die Veröffentlichung und Verwaltung des Referenzdokuments gemäß Art. 27 Absatz 4 der Richtlinie 2008/57/EG
[15] Durchführungsbeschluss (EU) 2015/2299 zur Änderung der Entscheidung 2009/965/EG in Bezug auf eine aktualisierte Liste der Parameter für die Einstufung der nationalen Vorschriften

geln erfasst (EU-28 ohne Malta und Zypern, aber mit Norwegen und der Schweiz). Die ERA arbeitet kontinuierlich an der Einteilung der Regelwerke in die Parameter und Klassen. Die Bereinigung des jeweils eigenen,
nationalen Regelwerks im Hinblick auf Kompatibilität mit europäischem Recht müssen die Mitgliedstaaten
bzw. ihre NSAs übernehmen, werden dabei aber von der ERA unterstützt.

6.3 Das deutsche notifizierte Regelwerk

Das Eisenbahn-Bundesamt hat auf seiner Internetseite das gesamte notifizierte nationale Regelwerk veröffentlicht, sowohl die technischen als auch die Sicherheitsregeln. Das entsprechend der Sicherheitsrichtlinie
zu notifizierende Nationale Sicherheitsregelwerk ist der Kommission bereits im Jahr 2008 mitgeteilt worden.
Dazu zählen unter anderem die **Eisenbahn-Bau- und Betriebsordnung (EBO)**, die **Eisenbahn-Signalordnung
1959 (ESO 1959)** sowie auch VDV-Schriften oder betrieblich relevante Richtlinien der DB AG (zum Beispiel Ril
408 „Züge fahren und rangieren", Ril 915 „Bremsen im Betrieb bedienen und prüfen").

Die technischen Regeln betreffen vor allem das für die **Fahrzeugzulassung relevante Regelwerk**, welches in
Deutschland über das europäische Regelwerk hinaus angewendet werden muss. Die Zusammenstellung, welche die in Abschnitt 6.1 eingeführten Parameter berücksichtigt, wird als EBA-Checkliste bezeichnet. Sie wurde
als deutsches Referenzdokument zum ersten Mal im Mai 2012 an die ERA übermittelt. Aufgrund der Weiterentwicklung des europäischen Regelwerks ist die Checkliste aber in Arbeitsgruppen mit nationalen Vertretern
der gesamten Branche überarbeitet worden. Die aktuelle Version vom Mai 2017 ist auf der EBA-Homepage
veröffentlicht und besteht aus vier einzelnen Dateien: eine für Lokomotiven und Reisezugwagen, eine für
nicht-TSI-konforme Fahrzeuge und eine für Güterwagen. Diese drei beziehen sich auf die aktuellen TSI. Außerdem gibt es noch eine Datei für den konventionellen Verkehr mit Bezug auf die TSI aus dem Jahr 2011, da
diese noch einige Zeit für bereits laufende Zulassungsverfahren Gültigkeit besitzt.

Die ursprüngliche Einteilung der EBA-Checkliste umfasst 24 Sachgebiete, die für rein nationale Zulassungen
nach wie vor gelten. Sie basiert auf der **International Requirement List (IRL)**, auf die sich einige ILGGRI-
Mitglieder bereits Anfang der 2000er Jahre geeinigt hat, um erste Cross-Acceptance-Vereinbarungen aufstellen zu können. Die aktuelle EBA-Checkliste stellt in der ersten Spalte die IRL-Einteilung und in der zweiten der
EU-Verordnung dar. In den weiteren Spalten sind für die für bestimmte Fahrzeugkategorien relevanten Regelwerke im Detail aufgeführt.

Tabelle 1 stellt die für eine Fahrzeugzulassung relevanten Parameter nach IRL- und EU-Sortierung nebenei-
nander dar, geordnet nach den IRL-Parametern.

*Tabelle 1: Für die Fahrzeugzulassung relevante Parameter zur Regelwerkseinteilung nach IRL und EU-
Verordnung*

IRL-Parameter	Bezeichnung	EU Parameter	Bezeichnung
0	Allgemein (Technische Dossiers, Qualitätsmanagement)	1	Unterlagen
		11	Wartung
1	Fahrtechnik	3	Fahrzeug/Gleis-Wechselwirkung und Fahrzeugbegrenzungslinie
		6	Umweltbedingungen und aerodynamische Wirkungen
2	Fahrzeugaufbau	2	Struktur und mechanische Teile
3	Zug- und Stoßeinrichtungen	9	Einrichtungen für das Personal, Schnittstellen und Umgebung
4	Drehgestell und Fahrwerk	3	Fahrzeug/Gleis-Wechselwirkung und Fahrzeugbegrenzungslinie
5	Radsatz	2	Struktur und mechanische Teile

		3	Fahrzeug/Gleis-Wechselwirkung und Fahrzeugbegrenzungslinie
6	Bremseinrichtung	4	Bremsen
7	Überwachungsbedürftige Anlagen	14	Frachtbezogene Komponenten
8	Stromabnehmer	8	Bordseitige Energieversorgung und Steuersysteme
9	Fenster	9	Einrichtungen für das Personal, Schnittstellen und Umgebung
10	Türen	5	Fahrgastspezifische Aspekte
11	Übergang	2	Struktur und mechanische Teile
		5	Fahrgastspezifische Aspekte
12	Energieversorgung und EMV	3	Fahrzeug/Gleis-Wechselwirkung und Fahrzeugbegrenzungslinie
		8	Bordseitige Energieversorgung und Steuersysteme
13	Steuerungstechnik	4	Bremsen
		7	Anforderungen an externe Warnvorrichtungen, Signalisierungen, Kennzeichnungen und die Softwareintegrität
14	Trink- und Abwasserversorgungsanlagen	6	Umweltbedingungen und aerodynamische Wirkungen
		11	Wartung
15	Umweltschutz	6	Umweltbedingungen und aerodynamische Wirkungen
16	Brandschutz	10	Brandschutz und Evakuierung
17	Arbeitsschutz	6	Umweltbedingungen und aerodynamische Wirkungen
		7	Anforderungen an externe Warnvorrichtungen, Signalisierungen, Kennzeichnungen und die Softwareintegrität
		8	Bordseitige Energieversorgung und Steuersysteme
		9	Einrichtungen für das Personal, Schnittstellen und Umgebung
		10	Brandschutz und Evakuierung
18	Fahrzeugbegrenzung	3	Fahrzeug/Gleis-Wechselwirkung und Fahrzeugbegrenzungslinie
19	Sonstige sicherheitstechnische Einrichtungen	2	Struktur und mechanische Teile
		7	Anforderungen an externe Warnvorrichtungen, Signalisierungen, Kennzeichnungen und die Softwareintegrität
		9	Einrichtungen für das Personal, Schnittstellen und Umgebung
		10	Brandschutz und Evakuierung
		12	Fahrzeugseitige Zugsteuerung, Zugsicherung und Signalgebung
20	Tank	11	Wartung
21	Ladegutbehälter	14	Frachtbezogene Komponenten

22	Ladungssicherung		
23	Anschriften und Zeichen	7	Anforderungen an externe Warn-vorrichtungen, Signalisierungen, Kennzeichnungen und die Softwareintegrität
24	Fügetechnik	2	Struktur und mechanische Teile
25	Nationale Sonderbedingungen	1	Unterlagen
		13	Spezifische Betriebsanforderungen
26	Wartungsbuch	1	Unterlagen
		11	Wartung
27	Betriebshandbuch	1	Unterlagen
		13	Spezifische Betriebsanforderungen
28	Ausstattungen	5	Fahrgastspezifische Aspekte
29	Störungen und Unfälle	10	Brandschutz und Evakuierung
		13	Spezifische Betriebsanforderungen

6.4 Quellen und weiterführende Literatur

Alle in diesem Kapitel genannten europäischen Rechtsakte und Veröffentlichungen können anhand ihrer Nummer und Bezeichnung auf der Internetseite des Amts für Veröffentlichungen der Europäischen Union unter http://eur-lex.europa.eu/homepage.html?locale=de in allen zum Zeitpunkt der Veröffentlichung gültigen Amtssprachen abgerufen werden

Alle hiergenannten deutschen Gesetze sind mithilfe der genannten Bezeichnung online über die Internetseite https://www.bgbl.de/ des Bundesanzeiger Verlags und auf der Homepage der gemeinsamen Initiative des Bundesministeriums der Justiz und für Verbraucherschutz und der juris GmbH https://www.gesetze-im-internet.de/ abzurufen

Informationen über und Links zu allen Datenbanken, die von der ERA verwaltet werden: http://www.era.europa.eu/Core-Activities/Pages/Registers.aspx

Notifiziertes deutsches Sicherheitsregelwerk: https://www.eba.bund.de/SharedDocs/Downloads/DE/NationaleSiVo/10_NSR_Uebersicht.pdf?__blob=publicationFile&v=2

Notifiziertes deutsches technisches Regelwerk nach TSI LOC&PAS: https://www.eba.bund.de/SharedDocs/Downloads/DE/Fahrzeuge/Inbetriebnahme/VV_IBG/NNTV_NNTR_TSI_1302/01_NNTV_NNTR_TSI_LOC_PAS_pdf.pdf?__blob=publicationFile&v=8

Notifiziertes deutsches technisches Regelwerk für nicht-TSI-konforme Fahrzeuge: https://www.eba.bund.de/SharedDocs/Downloads/DE/Fahrzeuge/Inbetriebnahme/VV_IBG/NNTV_NNTR_Nicht_TSI-konforme_Fahrzeuge/01_NNTV_NNTR_Nicht_TSI-konforme_Fahrzeuge_pdf.pdf?__blob=publicationFile&v=7

Notifiziertes deutsches technisches Regelwerk nach TSI WAG: https://www.eba.bund.de/SharedDocs/Downloads/DE/Fahrzeuge/Inbetriebnahme/VV_IBG/NNTV_NNTR_TSI_WAG/01_NNTV_NNTR_TSI_WAG_pdf.pdf?__blob=publicationFile&v=6

Notifiziertes deutsches technisches Regelwerk nach TSI LOC&PAS CR 2011: https://www.eba.bund.de/SharedDocs/Downloads/DE/Fahrzeuge/Inbetriebnahme/VV_IBG/NNTV_NNTR_TSI_CR/01_NNTV_NNTR_TSI_LOC_PAS_pdf.pdf?__blob=publicationFile&v=6

7 Sicherheitsmanagement

Als Folge der veränderten europäischen Eisenbahnpolitik, insbesondere des zweiten Eisenbahnpakets und der Sicherheitsrichtlinie 2004/49/EG, haben sich die Prozesse, mit denen technische und betriebliche Sicherheit gewährleistet werden sollen, von einem regelbasierten hin zu einem risikoorientierten Sicherheitsverständnis entwickelt. Dies lässt sich auch an der Entwicklung der Normung ablesen, die eine Erweiterung einer rein auf Produktsicherheit bezogenen Normung hin zu einer prozessdefinierenden Normung der funktionalen Sicherheit umfasste. Der Kern dieser Herangehensweise ist ein Sicherheitsmanagementsystem, das analog zu anderen etablierten Managementsystemen wie einem Qualitätsmanagementsystem nach ISO 9000 ff. oder einem Umweltmanagementsystem nach ISO 14000 ff. aufgebaut ist.

7.1 Regelbasierte und risikoorientierte Systeme

Ein **regelbasiertes System** bedeutet, dass man bei Einhaltung aller bestehenden Regeln ein sicheres System betreibt. Es wird also kein Risikoakzeptanzkriterium vorgegeben, dem natürlicherweise ein Restrisiko innewohnt und das man auf verschiedenen Wegen erreichen kann. Wird im Betrieb eine neue Gefährdung entdeckt oder materialisiert sich eine bisher unbekannte Gefährdung durch einen Unfall, so muss zunächst geprüft werden, ob dies durch Nicht-Einhalten der Regeln geschah oder ob tatsächlich keine Vermeidung der Gefährdung durch Einhalten der Regeln möglich ist. In letzterem Fall muss eine neue Regel eingeführt werden, die das Eintreten der Gefahr verhindert. Die Regeln geben ohne Ermessensspielraum vor, auf welche Art und Weise ein technisches System gebaut werden muss, um sicher zu arbeiten. In einem regelbasierten System kann von den **anerkannten Regeln der Technik** nur abgewichen werden, wenn ein Nachweis gleicher Sicherheit geführt werden kann. Für die Eisenbahn wird das in §2, Absatz (1) und (2) der Eisenbahn-Bau- und Betriebsordnung (EBO) festgelegt:

(1) Bahnanlagen und Fahrzeuge müssen so beschaffen sein, dass sie den Anforderungen der Sicherheit und Ordnung genügen. Diese Anforderungen gelten als erfüllt, wenn die Bahnanlagen und Fahrzeuge den Vorschriften dieser Verordnung und, soweit diese keine ausdrücklichen Vorschriften enthält, anerkannten Regeln der Technik entsprechen.

(2) Von den anerkannten Regeln der Technik darf abgewichen werden, wenn mindestens die gleiche Sicherheit wie bei Beachtung dieser Regeln nachgewiesen ist.

Die anerkannten Regeln der Technik bilden die unterste Gruppe eines dreistufigen Regelwerksystems. Sie basieren auf einem breiten fachlichen Konsens. Technische Neuerungen, die diesen Konsens noch nicht erreicht haben, finden daher keinen Eingang in das Regelwerk. Der sogenannte **Stand der Technik** hingegen verzichtet auf die allgemeine Anerkennung der technischen Neuerungen und bindet sie mit ein, sobald sie realisiert worden sind und ihre Machbarkeit unter Beweis gestellt haben. Der **Stand von Wissenschaft und Technik** schließlich umfasst auch den aktuellen technischen und wissenschaftlichen Erkenntnisstand, was eine präzise Beschreibung durch Regelwerke erschwert.[16]

In einem **risikoorientierten System** werden tolerierbare Gefährdungsraten vorgegeben, die das System einhalten muss. Entscheidend ist, dass diese Gefährdungsraten auf gesellschaftlich anerkannten Risikoakzeptanzkriterien beruhen. Außerdem muss Einigkeit über die Methoden bestehen, mit denen deren Einhaltung nachgewiesen wird. Konsequenterweise gäbe es keine weiteren Vorgaben durch Regeln. Im Normalfall allerdings bestehen risikoorientierte, technische Systeme auch aus regelbasierten Anteilen.

Die wichtigsten Begriffe werden in der DIN EN IEC 61508, der DIN EN 50126 und DIN EN 50128 definiert:

- Sicherheit: Nichtvorhandensein eines unzulässigen Risikos

- Risiko: Eintrittswahrscheinlichkeit des Schadens multipliziert mit dem Schadensausmaß

---

[16] Vgl. die Begründung *BVerfG, Beschluss vom 8. 8. 1978 – 2 BvL 8/77; OVG NRW*

© Springer Fachmedien Wiesbaden GmbH, ein Teil von Springer Nature 2019
C. Salander, *Das Europäische Bahnsystem*, https://doi.org/10.1007/978-3-658-23496-6_7

- Tolerierbares Risiko: Risiko, das in seinem Kontext und basierend auf den gesellschaftlichen Werten akzeptiert wird

- Restrisiko: Verbleibendes Risiko, nachdem präventive Schutzmaßnahmen getroffen wurden

- Schaden: physische Verletzung oder Schädigung der Gesundheit oder von Eigentum oder der Umwelt

- Gefährdung oder Gefahr: potentielle Schadensquelle

- Gefährliche Situation: Umstände, in denen Menschen, Eigentum oder die Umwelt einer oder mehrerer Gefährdungen ausgesetzt sind

- Gefährliches Ereignis: Ereignis, das zu einem Schaden führen kann

- Schädigendes Ereignis: Ereignis, das während einer gefährlichen Situation oder einem gefährlichen Ereignis zu einem Schaden führt

7.2   Anforderungen an einen sicheren Betrieb

Unabhängig von einer regelbasierten oder risikoorientierten Herangehensweise an die sichere Auslegung und den sicheren Betrieb technischer Systeme ist der **Schutz des Menschen und des Eigentums vor den Folgen der Technik** auf europäischer und deutscher Ebene übergeordnet gleichermaßen geregelt:

- Art. 3 der Charta der Grundrechte der Europäischen Union: *Jede Person hat das Recht auf körperliche und geistige Unversehrtheit.*

- Art. 2 des Grundgesetzes: *Jeder hat das Recht auf Leben und körperliche Unversehrtheit.*

- Art. 17 der Charta der Grundrechte der Europäischen Union: *Jede Person hat das Recht, ihr rechtmäßig erworbenes Eigentum zu besitzen, zu nutzen, darüber zu verfügen und es zu vererben.*

- Art. 14 des Grundgesetzes: *Das Eigentum und das Erbrecht werden gewährleistet.*

Bahnspezifisch wird der Sicherheitsbegriff im deutschen Recht dann in § 4, Absatz 3 des Allgemeinen Eisenbahngesetzes (AEG) beschrieben sowie in seinen nachgeordneten Regelungen, hier insbesondere der Eisenbahn-Bau- und Betriebsordnung (EBO), vertiefend ausgeführt:

(3) Die Eisenbahnen und Halter von Eisenbahnfahrzeugen sind verpflichtet,
1. ihren Betrieb sicher zu führen und
2. an Maßnahmen des Brandschutzes und der Technischen Hilfeleistung mitzuwirken.
Eisenbahnen sind zudem verpflichtet, die Eisenbahninfrastruktur sicher zu bauen und in betriebssicherem Zustand zu halten.

Auf europäischer Ebene erfolgt diese bahnspezifische Präzisierung durch die Sicherheitsrichtlinie und deren nachfolgenden Verordnungen, die wiederum Eingang in nationales Recht finden.

7.3   Inhalte der Sicherheitsrichtlinie

Der Zweck der Sicherheitsrichtlinie ist die Entwicklung und Verbesserung der Eisenbahnsicherheit in der EU und ein besserer Marktzugang für Dienstleistungen auf dem Schienenweg. Dafür sollen mithilfe der festgelegten Maßnahmen die Regulierungsstruktur in den Mitgliedstaaten harmonisiert und die Zuständigkeiten der einzelnen Akteure einheitlich geregelt werden. Außerdem werden eine umfassende Harmonisierung der nationalen Vorschriften sowie ein gemeinsames Verständnis des Sicherheitsmanagements bei den beteiligten Akteuren angestrebt. Die Richtlinie gilt in allen Mitgliedstaaten für das Gesamtsystem Bahn, wobei es den Staaten überlassen bleibt, U-, Straßen- und Stadtbahnen sowie funktional getrennte, örtlich begrenzte Netze und Personenverkehrsunternehmen, die nur auf diesen Netzen fahren, und auch private Infrastrukturen, die ausschließlich für den eigenen Güterverkehr genutzt werden, auszunehmen.

Um ihren Zweck zu erreichen, fordert die Sicherheitsrichtlinie im Einzelnen:

- Einführung EU-weit geltender **gemeinsamer Sicherheitsziele (CST), -methoden (CSM) und -indikatoren (CSI)**: Ziele und Indikatoren sind eng miteinander verbunden, zur Definition der Zielwerte ist eine eigene CSM eingeführt worden, die weiteren CSMs befassen sich mit der Risikobewertung im Rahmen des SMS und der Fahrzeugzulassung (CSM RA), mit der Zertifizierung der Sicherheitsbescheinigungen und -genehmigungen sowie mit der Überwachung der Erfüllung der Anforderungen des SMS im Betrieb (Art. 5-7 und Anhang I)

- **Notifizierung aller wichtigen Sicherheitsregeln**: wie bereits in Abschnitt 6.1 dargestellt ist die europaweite Bekanntgabe des sicherheitsrelevanten Regelwerks und die nachfolgende Harmonisierung der Regeln eine wichtige Basis für den offenen Binnenmarkt (Art. 8 und Anhang II)

- Einführung von **Sicherheitsmanagementsystemen (SMS) sowie deren Zertifizierung**: um zu vermeiden, dass unterschiedliche, nationale Auffassungen des Umgangs mit Sicherheit zu einer Markteintrittsbarriere werden, müssen alle Eisenbahnverkehrsunternehmen und Infrastrukturbetreiber ein SMS einführen, das sich in seiner Struktur an die eingeführten Managementsysteme, zum Beispiel für Qualität und Umwelt, anpasst (Art. 9-12)

- Diskriminierungsfreier **Zugang zu Schulungsmöglichkeiten**: Schulungsmöglichkeiten wurden mit Einführung der Sicherheitsrichtlinie im Wesentlichen noch von den alten Staatsbahnen betrieben, aber mit dieser Regelung soll es allen neuen Marktteilnehmern ebenfalls ermöglicht werden, am offenen Binnenmarkt mit qualifiziertem Personal teilzunehmen (Art. 13)

- Fahrzeugbezogene **Zuweisung von Instandhaltungsstellen sowie deren Zertifizierung**: Jedem Fahrzeug muss eine Instandhaltungsstelle zugewiesen werden, die ein Instandhaltungssystem eingerichtet haben muss, dass EU-Vorgaben erfüllt; Instandhaltungsstellen für Güterwagen müssen zertifiziert sein, um eine europaweite Gleichbehandlung zu garantieren (Art. 14-15 und Anhang III)

- Einführung von **Nationalen Sicherheitsbehörden** (NSAs): um die Überwachungs- und Zertifizierungsaufgaben aus der Sicherheitsrichtlinie wahrzunehmen, wird die Einführung der NSAs gefordert (Art. 16-19)

- Einführung einer **nationalen Unfalluntersuchungsstelle**: Die unabhängige Untersuchung und Bewertung von Eisenbahnunfällen ist ein elementarer Bestandteil der Bemühungen, die Sicherheit des Gesamtsystems zu erhöhen, wofür jeder Mitgliedstaat eine Behörde einrichten muss, die unabhängig von den Akteuren im System Bahn ist (Art. 20-26)

Zwischen Sicherheits- und Interoperabilitätsrichtlinie gibt es etliche Schnittstellen. Da in der Interoperabilitätsrichtlinie Sicherheit als eine der grundlegenden Anforderungen genannt wird, finden sich in den TSIs konkrete technische und betriebliche Sicherheitsanforderungen. Die Gemeinsame Sicherheitsmethode zur Risikobewertung 402/2013 (CSM RA) findet dabei zur Bewertung der Erfüllung der Sicherheitsanforderungen Anwendung.

7.4   Sicherheitsmanagementsysteme (SMS)

Mit der Einführung des SMS (vgl. Art. 9 Sicherheitsrichtlinie) für alle Verkehrsunternehmen und Infrastrukturbetreiber soll vor allem sichergestellt werden, dass das Eisenbahnsystem der EU als Ganzes mindestens die CST erreichen kann. Außerdem werden so Prozesse eingeführt, um das relevante, aktuell gültige Regelwerk zu identifizieren und einzuhalten. Dazu gehören natürlich die europäischen TSIs und CSMs, aber auch die notifizierten nationalen Regelwerke. Auf Unternehmensebene muss das SMS die Kontrolle aller betrieblichen Risiken im Rahmen von Betriebsart und -umfang gewährleisten.

Wie alle Managementsysteme stellt das SMS einen prozessorientierten Ansatz mit übergeordneten Managementproessen, unterstützenden Prozessen und betrieblichen Prozessen dar, um alle Unternehmensaktivitäten, mit denen die technische und betriebliche Sicherheit berührt wird, nach klaren Vorgaben regeln und überwachen zu können. Inhaltlich orientiert sich das SMS sowohl an bereits seit langem etablierten Systemen wie dem Qualitätsmanagementsystem, als auch an den SMS anderer Branchen, beispielsweise Nukleartechnik oder Chemieindustrie. Neben den grundlegenden Anforderungen, die für jeden Prozess gelten, nämlich

- Dokumentation aller wichtigen Elemente,
- Beschreibung der Zuständigkeitsverteilung in der Organisation,
- Sicherstellen der Kontrolle durch die Geschäftsführung,
- Einbeziehen der Personalvertreter auf allen Ebenen,
- fortlaufende Verbesserung des SMS,
- durchgängige Anwendung von Kenntnissen zum Faktor Mensch,
- Aufbauen und Erhalten einer Sicherheitskultur mit unternehmensübergreifendem Vertrauen und wechselseitigem Lernen,

besteht das SMS aus elf Grundelementen:

a) Sicherheitsordnung, von der Unternehmensführung genehmigt,
b) Ziele (qualitativ und quantitativ) zur Erhaltung und Verbesserung der Sicherheit mit Plänen und Verfahren zur Zielerreichung,
c) Verfahren zur Einhaltung bestehender, neuer und geänderter technischer oder betrieblicher Normen,
d) Verfahren zur Erfüllung der Normen und Vorgaben während der gesamten Lebensdauer des Materials und des gesamten Betriebs,
e) Verfahren und Methoden zur Risikoermittlung, Risikobewertung und Risikokontrolle,
f) Schulungsprogramme und Trainings zum Aufbau und Aufrechterhalten der Qualifikation des Personals, einschließlich Vorkehrungen für die physische und psychische Eignung,
g) Vorkehrungen für einen ausreichenden Informationsfluss innerhalb des Unternehmens, aber auch zwischen Unternehmen,
h) Verfahren und Formate für die Dokumentation von Sicherheitsinformationen sowie Verfahren für die kontrollierte Konfiguration der Formate bei entscheidenden Sicherheitsinformationen,
i) Verfahren zur Meldung, Untersuchung und Auswertung von Unfällen, Störungen, Beinaheunfällen und gefährlichen Ereignissen sowie zum Ausführen geeigneter Präventionsmaßnahmen,
j) Bereitstellung von Einsatz-, Alarm- und Informationsplänen für Notfälle in Abstimmung mit zuständigen Behörden,
k) Bestimmungen für regelmäßige interne Audits des SMS.

Im Unterschied zum SMS anderer Branchen spielt bei der Eisenbahn die Koordination durch den Infrastrukturbetreiber eine besondere Rolle. Diese umfasst nicht nur die Folgen, die sich aus dem Betrieb verschiedener Verkehrsunternehmen auf seinem Netz ergeben, sondern auch die Notfallverfahren der Verkehrsunternehmen und bahn-externe Notfalldienste. Letztere beinhalten auch die in der Fahrgastrechte-Verordnung bestimmten Hilfsmaßnahmen. Schließlich müssen alle Unternehmen der NSA einen Sicherheitsbericht vorlegen, in dem sie über die Zielerreichung auf Unternehmens- und nationaler Ebene, Mängel und Störungen sowie die Ergebnisse interner Audits berichten.

7.5 Durchführungsrechtsakte zum Sicherheitsmanagement

Zur Konkretisierung und Durchsetzung der Ziele der Sicherheitsrichtlinie sind bereits in der Fassung von 2004 Aufträge an die ERA und die Europäische Kommission zur Erarbeitung von Verordnungen und Durchführungsrechtsakten enthalten, die im Wesentlichen in den Jahren 2007 bis 2012 veröffentlicht wurden. Mit Inkrafttreten der neuen Sicherheitsrichtlinie sollen Überarbeitungen dieser Rechtsakte erfolgen, welche die Bewertung ihrer Praktikabilität sowie die politischen und wirtschaftlichen Entwicklungen der Branche berücksichtigen. Die folgenden Beschreibungen beziehen alle bis Juli 2018 veröffentlichten Rechtsakte ein.

7.5.1 Gemeinsame Sicherheitsindikatoren (CSI)

Die Gemeinsamen Sicherheitsindikatoren (*Common Safety Indicator*) sollen die Vergleichbarkeit der Sicherheitsniveaus in den Mitgliedstaaten erleichtern und somit die Definition von EU-weiten und länderspezifischen Sicherheitszielen sowie die Messbarkeit der Zielerreichung ermöglichen. Die NSAs berichten gemäß der CSI-Definitionen über die Unfälle und Ereignisse in ihrem Land im Rahmen ihres öffentlich zugänglichen Jahresberichts. Darüber hinaus erfasst das Statistische Amt der Europäischen Union (Eurostat) auf Ebene der Mitgliedstaaten alle betrieblichen und wirtschaftlichen Daten, die für eine Beurteilung des Zustands der Branche und zur Weiterentwicklung einer nachhaltigen Verkehrspolitik notwendig sind. Derzeit beruht dies auf Verordnung (EU) 2018/643 über die Statistik des Eisenbahnverkehrs, der Nachfolgerin der Verordnung (EG) Nr. 91/2003.

Die CSI beziehen sich auf

-   Unfallarten im Personen- und Güterverkehr sowie deren Vorläufer (*precursors*) und die Anzahl von Suiziden und Suizidversuchen,
-   die Sicherheit störanfälliger technischer Einrichtungen,
-   die Bestimmung der wirtschaftlichen Auswirkungen der Unfälle.

Zunächst erfolgte der Bericht durch die Mitgliedstaaten gemäß nationaler Definitionen und Berechnungsmethoden. Schnell wurde jedoch klar, dass die Vergleichbarkeit damit nicht ausreichend gegeben ist. Daher sind mit einer ersten Richtlinie im Jahr 2009 und dann in leicht überarbeiteter Form mit der Richtlinie 2014/88/EU bezüglich gemeinsamer Sicherheitsindikatoren und gemeinsamer Methoden für die Unfallkostenberechnung eine Vereinheitlichung der Definitionen und gemeinsame Methoden für die Unfallkostenberechnung in Kraft getreten. Insbesondere letzteres, also die Berechnung der Unfallkosten war so nicht in allen Mitgliedstaaten üblich. Die Vereinheitlichung der Berechnungsmethode sorgt nun für eine erhöhte Vergleichbarkeit der Auswirkungen. Diese Kosten umfassen

-   die Zahl der Toten und Schwerverletzten multipliziert mit dem Wert der Vermeidung von Unfallopfern (*Value for Preventing a Casualty*, VPC),

-   Umweltschäden, Sachschäden an Fahrzeugen oder Infrastruktur und unfallbedingte Verspätungen.

Der VPC ist der Wert, den der jeweilige Mitgliedstaat der Vermeidung eines Unfallopfers, sei es ein Todesfall oder ein Schwerverletzter, beimisst. Er setzt sich zusammen aus

-   dem Wert der Sicherheit an sich: der Wert, den die Gesellschaft in einem Mitgliedstaat zu zahlen bereit ist (*Willingness To Pay*, WTP), festgesetzt auf der Grundlage von sogenannten *Stated-Preference-Studien*, das heißt Umfragen, die in dem Mitgliedstaat durchgeführt werden, der einen solchen Wert verwendet,
-   direkten und indirekten wirtschaftlichen Kosten bezogen auf den Mitgliedstaat und ermittelt auf der Grundlage der von der Gesellschaft getragenen realen Kosten, bestehend aus
    o   Kosten für medizinische Behandlung und Rehabilitation,
    o   Prozesskosten, Kosten für Polizei, private Unfallermittlungen, Rettungsdienste und Verwaltungskosten der Versicherungen,
    o   Produktionsausfällen, also dem Wert der Güter und Dienstleistungen für die Gesellschaft, die von der Person hätten geschaffen werden können, wenn der Unfall nicht eingetreten wäre.

Die Richtlinie legt desweiteren gemeinsame Grundsätze für die Ermittlung dieses Wertes der Sicherheit an sich fest, mit denen eine Beurteilung möglich sein soll, ob die vorliegenden Abschätzungen für den Wert der Sicherheit angemessen sind. Dafür muss zunächst einmal das System zur Bewertung des verringerten Sterblichkeitsrisikos im Verkehrsbereich definiert werden, auf das sich dann die Fragen der *Stated-Preference-Studien* beziehen. Die zur Wertermittlung herangezogene Stichprobe der Befragten muss für die betreffende Bevölkerungsgruppe repräsentativ sein und insbesondere die Alters- und Einkommensverteilung der Bevölkerung zusammen mit anderen sozioökonomischen und demografischen Merkmalen abbilden. Schließlich müssen die Fragen für die Befragten klar und sinnvoll sein.

7.5.2 Gemeinsame Sicherheitsziele (CST)

Mit den gemeinsamen Sicherheitszielen (*Common Safety Targets*) sollen kurzfristig die Überwachung der jeweiligen Sicherheitsniveaus der Mitgliedstaaten und langfristig deren Annäherung an einen gemeinsamen, allgemein akzeptierten europäischen Wert sichergestellt werden, und zwar durch gemeinsame Methoden zum Messen und Bewerten des Sicherheitsniveaus. Diese Vorgehensweise erhöht gleichzeitig Transparenz, das Erkennen von Problemfeldern und das Vertrauen der Mitgliedstaaten untereinander in Bezug auf den Umgang mit technischer und betrieblicher Sicherheit bei den nationalen Bahnunternehmen.

Dabei legen laut Sicherheitsrichtlinie die CST *die Mindestsicherheitsniveaus fest, die das Gesamtsystem und, soweit möglich, die einzelnen Bereiche des Eisenbahnsystems in jedem Mitgliedstaat und in der Union erreichen müssen. Die CST können in Kriterien für die Risikoakzeptanz oder in angestrebten Sicherheitsniveaus ausgedrückt werden, und sie berücksichtigen insbesondere Folgendes:*
a) individuelle Risiken für Fahrgäste, Bedienstete einschließlich Personal oder Auftragnehmer, Benutzer von Bahnübergängen und sonstige Personen sowie, unbeschadet der geltenden nationalen und internationalen Haftungsregeln, persönliche Risiken für unbefugte Personen;
b) gesellschaftliche Risiken.

Letztlich soll damit erreicht werden, dass das Sicherheitsniveau in den Mitgliedstaaten nicht abnimmt. Daher werden die CST nicht nur auf EU-Ebene definiert und überwacht, sondern auch auf nationaler Ebene mit Hilfe der sogenannten *National Reference Values* (NRV). Die Methodik zur Berechnung und Festsetzung der Ziele sowie zur Bewertung der Zielerreichung ist in der Kommissionsentscheidung 2009/460/EG über den Erlass einer gemeinsamen Sicherheitsmethode zur Bewertung der Erreichung gemeinsamer Sicherheitsziele beschrieben.

Bereits in der Sicherheitsrichtlinie von 2004 ist festgelegt, dass die Bestimmung der Sicherheitsziele in zwei Schritten erfolgen sollte. Im ersten Schritt wurden die bereits bestehenden Ziele und das Sicherheitsniveau in den einzelnen Mitgliedstaaten erfasst. Mit der künftigen Entwicklung sollte das Niveau in keinem Mitgliedstaat unter diesen Wert sinken. Kommissionsbeschluss 2010/409/EG legt die **erste Reihe gemeinsamer Sicherheitsziele** auf Basis der NRVs und der Methode aus der Entscheidung 2009/460/EG fest.

Im zweiten Schritt wurden Sicherheitsziele festgelegt, die auf den Erfahrungen beruhen, die mit der ersten Reihe gemeinsamer Sicherheitsziele und deren Umsetzung gewonnen wurden. Sie fokussieren vor allem auf die Bereiche, in denen die Sicherheit weiter verbessert werden muss. Die Werte wurden auf der Basis von Daten berechnet, welche die Mitgliedstaaten in den Jahren 2004 bis 2009 an Eurostat übermittelt haben. Diese **zweite Reihe gemeinsamer Sicherheitsziele** ist zunächst im Kommissionsbeschluss 2012/226/EU festgeschrieben worden. Nach dem Beitritt Kroatiens im Jahr 2013 ist der Beschluss noch einmal überarbeitet worden, so dass die derzeit gültigen Werte im Durchführungsbeschluss 2013/753/EU zu finden sind.

7.5.3 Gemeinsame Sicherheitsmethoden (CSM)

Die gemeinsamen Sicherheitsmethoden (*Common Safety Methods*) sollen ermöglichen, dass die Durchführung und Bewertung der Sicherheitsmaßnahmen für alle Akteure in vergleichbarer Weise erfolgt. In Art. 6 der Sicherheitsrichtlinie von 2004 sind drei Regulierungsbereiche für Sicherheitsmethoden festgelegt worden, die aus praktischen Erwägungen bei der Interpretation des Artikels auf derzeit insgesamt sieben angewachsen sind. Sechs davon sind im neuen Art. 6 der überarbeiteten Sicherheitsrichtlinie explizit aufgeführt, die siebte Methode fällt unter einen Platzhalter für weitere Methoden. Die zugehörigen Rechtsakte werden umgangssprachlich mit „CSM …" bezeichnet, was auch im vorliegenden Text übernommen wurde.

Das erste Beispiel für die sinnvolle und damit auch in der neuen Richtlinie eingeführte Erweiterung der CSMs ist bereits im vorhergehenden Abschnitt beschrieben worden: Kommissionsentscheidung 2009/460/EG legt die **CSM zur Bewertung der Erreichung der CST** (CSM CST) fest.

Methoden zur Risikobewertung

Die **CSM Risk Assessment** (CSM RA) ist die bekannteste CSM-Verordnung, die auch als erstes veröffentlicht wurde. Die erste Version aus dem Jahr 2009 ist allerdings schon wieder überarbeitet worden, so dass derzeit die Durchführungsverordnung (EU) Nr. 402/2013 über die gemeinsame Sicherheitsmethode für die Evaluierung und Bewertung von Risiken unter Einbeziehung ihrer Änderungsverordnung (EU) 2015/1136 gültig ist.

Mit dieser Verordnung wird den Eisenbahnunternehmen eine europaweit harmonisierte Richtschnur an die Hand gegeben, um Risikobewertungen durch- und Maßnahmen zur Risikobeherrschung einzuführen, mit denen Grundelement e) des SMS aus Art. 9 erfüllt werden kann. Außerdem werden Maßnahmen im Rahmen des Instandhaltungssystems eines ECMs sowie notwendige Überprüfungen zur sicheren Integration von Teilsystemen in das Gesamtsystem Bahn abgedeckt. Die Anwendung dieser CSM ist immer dann erforderlich, wenn durch geänderte Betriebsbedingungen oder durch die Einführung von neuem Material im Gesamtsystem genauso wie in Teilsystemen neue Risiken entstehen können.

Das mit dieser CSM normierte Risikomanagementverfahren muss grundsätzlich in allen Teilen dokumentiert werden, wobei der sogenannte Vorschlagende, der die Änderung einführen möchte, alle Beteiligten mit ihren Verantwortungsbereichen sowie alle Gefährdungen aufführt und die Koordination der Zusammenarbeit aller sowie der Durchführung der Sicherheitsmaßnahmen beschreibt. Das Verfahren unterliegt folgendem Ablauf:

- *Vorläufige Systemdefinition*, mit welcher die Frage nach der Signifikanz der Änderung beantwortet werden kann, da nur signifikante Änderungen (vgl. Art. 4 der Verordnung) das Risikobewertungsverfahren durchlaufen müssen.

- *Risikobewertungsverfahren*, ein iterativer Prozess, der erst dann abgeschlossen ist, wenn nachweislich alle Sicherheitsanforderungen erfüllt werden und keine weiteren Gefährdungen nach vernünftigem Ermessen mehr zu berücksichtigen sind, mit den Bestandteilen
    - o *Systemdefinition* mit Verwendungs- und Funktionsbeschreibung, Grenzen und Schnittstellen, Systemumgebung und bestehenden Sicherheitsmaßnahmen.
    - o *Risikoanalyse mit Gefährdungsermittlung* zur Bestimmung der Risiken, der zu erfüllenden Sicherheitsanforderungen und der für die Erfüllung ausgewählten Sicherheitsmaßnahmen.
    - o *Risikoevaluierung* bezüglich der Vertretbarkeit des Risikos, wobei mindestens der Nachweis gleicher Sicherheit geführt werden muss, gemäß
        - ▪ *Zugrundelegung von Regelwerken*, die im Eisenbahnsektor allgemein anerkannt, zugänglich und ausreichend sind, um die identifizierten Gefährdungen zu beherrschen,
        - ▪ *Heranziehen eines Referenzsystems*, das sich bereits in der Praxis bewährt hat sowie mit ähnlichen Funktionen, Schnittstellen und Betriebsbedingungen und dadurch mit vergleichbaren Gefährdungen betrieben wird,
        - ▪ *Expliziter Risikoabschätzung*, mit der ein Maßstab der Risikobewertung mithilfe von Häufigkeits- und Konsequenzanalyse festgelegt wird, welcher dann im Regelfall mit nationalen Risikoakzeptanzkriterien auf die Vertretbarkeit des Risikos hin verglichen wird.

- *Nachweis der Erfüllung der Sicherheitsanforderungen*, in welchem jeweils der für eine Sicherheitsanforderung verantwortliche Beteiligte den Nachweis der Erfüllung vorlegt.

Mit der CSM RA wird auch die **Sicherheitsbewertungsstelle** (*Assessment Body*, im Sprachgebrauch **AssBo** genannt) eingeführt, die für die Produktzulassung im neuen Rechtsrahmen für Veränderungen im Betrieb von Eisenbahnen und von Eisenbahnprodukten eine entscheidende Rolle spielt. Die Sicherheitsbewertungsstelle verfasst einen Sicherheitsbewertungsbericht, in dem er die gesamte Verfahrensdokumentation des Vorschlagenden begutachtet und seine Schlussfolgerungen über das zu bewertende (Teil)System darlegt.

Nachdem über viele Jahre vergeblich versucht wurde, die nationalen Risikoakzeptanzkriterien für den Einsatz in der expliziten Risikoabschätzung europaweit anzugleichen (vgl. Erwägungsgründe Änderungsverordnung (EU) 2015/1136), konnte zumindest für Funktionsausfälle technischer Systeme eine Einigung erzielt werden. Um diese von den Akzeptanzkriterien für betriebliche Risiken oder für das Gesamtrisiko des Systems Bahn zu unterscheiden, werden sie **harmonisierte Entwurfsziele** (*Harmonised Design Targets*) genannt. Die Änderungsverordnung (EU) 2015/1136 wird daher auch **CSM Design Targets** (CSM DT) genannt und ist die siebte, derzeit dem Platzhalter unterliegende CSM.

Bereits in der ersten CSM RA wurde für den Entwurf eines technischen Systems definiert, dass ein Funktionsausfall mit einer Ausfallrate von $\leq 10^{-9}$ pro Betriebsstunde, auf den unmittelbar ein *katastrophaler Unfall* mit einer großen Zahl von Verletzten und mehreren Toten folgen würde, als *höchst unwahrscheinlich* gilt und akzeptiert wird. Neu kommt nun durch die CSM DT hinzu, dass ein Funktionsausfall mit einer Ausfallrate von $\leq 10^{-7}$ pro Betriebsstunde, der direkt zu einem *kritischen Unfall* mit einer geringen Anzahl von Verletzten und mindestens einem Toten führen würde, als *unwahrscheinlich* gilt und akzeptiert wird. In beiden Fällen muss das mit dem System verbundene Risiko nicht weiter reduziert werden.

Methoden zur Konformitätsbewertung des SMS

Die **CSM Conformity Assessment** (CSM CA) ist an die NSAs adressiert und beinhaltet Bewertungskriterien, anhand derer beurteilt wird, ob ein Eisenbahnverkehrsunternehmen oder ein Infrastrukturbetreiber ein zertifizierbares Sicherheitsmanagementsystem eingerichtet hat. Aus Gründen der Praktikabilität wurde diese CSM in zwei Verordnungen aufgeteilt: Verordnung (EU) Nr. 1158/2010 gilt für die Eisenbahnverkehrsunternehmen, Verordnung (EU) Nr. 1169/2010 für die Infrastrukturbetreiber. Die Kriterien der Konformitätsbewertung decken alle Prozesse und Verfahren eines SMS ab, die installiert werden müssen, um das notwendige Maß technischer und betrieblicher Sicherheit zu gewährleisten. Die Feststellung der Konformität erfolgt nach einem Verfahren, das ebenfalls in den Verordnungen beschrieben wird. Wird diese bestätigt, erhalten Verkehrsunternehmen eine Sicherheitsbescheinigung (*Safety Certification*) und Infrastrukturbetreiber eine Sicherheitsgenehmigung (*Safety Authorisation*). Die Zertifikate sind maximal fünf Jahre gültig, bei neu gegründeten Unternehmen sogar nur ein Jahr, und müssen dann erneuert werden.

Zusätzlich regeln die Verordnungen das Verfahren zur Erteilung der Zertifikate ebenso wie die Verfahren für die Überwachung der Einhaltung der SMS-Prozesse durch die NSAs, die jedoch später in der nachfolgend beschriebenen Verordnung (EU) Nr. 1077/2012 (CSM Supervision) sehr viel detaillierter festgelegt wurden.

Nach noch bis zum 15. Juni 2025 übergangsweise geltendem Recht teilt sich die Sicherheitsbescheinigung für Verkehrsunternehmen in einen Teil A und einen Teil B auf. Teil A bescheinigt die Erfüllung der Kriterien zu allen grundlegenden Anforderungen und allen Grundelementen des SMS. Er gilt EU-weit und wird von derjenigen NSA ausgestellt, in dem das Unternehmen seinen Sitz hat. Teil B bescheinigt die Erfüllung zusätzlicher, nationaler bzw. netzspezifischer Anforderungen an die technische Ausrüstung, die Ausbildung des Personals und das Fahrzeugmanagement. Er muss jeweils von der nationalen Behörde ausgestellt werden, in deren Land das Unternehmen Verkehrsdienstleistungen anbieten will. Zusammen mit Teil A erhält das Verkehrsunternehmen in der Regel direkt den Teil B des ausstellenden Landes, so dass im Heimatland sofort der Betrieb aufgenommen werden kann.

Die Zweiteilung der Sicherheitsbescheinigung wurde von Anfang an kritisiert, da die Anforderungen und Grundelemente des SMS letztlich so übergreifend ausgelegt sind, dass schon mit der Erteilung des Teil A dem Verkehrsunternehmen bestätigt werden kann, alle notwendigen Prozesse und Vorkehrungen getroffen zu haben, um in jedem Mitgliedstaat genau den Verkehr regelkonform durchzuführen, für den das SMS vorgesehen ist. Daher ist der Weg hin zu einer einheitlichen, EU-weit gültigen Sicherheitsbescheinigung schon in der ersten Sicherheitsrichtlinie geebnet worden, indem gemäß Art. 15 Richtlinie 2004/49/EG an einer Harmonisierung der Anforderungen an nationale Bescheinigungen gearbeitet werden sollte.

Mit Art. 10 der neuen Sicherheitsrichtlinie ist nun die **Einheitliche Sicherheitsbescheinigung** fest verankert worden. Die dafür notwendigen Durchführungsrechtsakte sind in der ersten Jahreshälfte 2018 von der Kommission verabschiedet worden. Da aber nicht nur die Zweiteilung kritisiert wurde, sondern auch die Ausstellungspraxis einiger Mitgliedstaaten mit langwierigen Bewertungsprozessen, soll mit diesen neuen Verordnungen die praktische Umsetzung der Erteilung von Sicherheitsbescheinigungen und -genehmigungen vereinfacht werden.

Wie bereits in Abschnitt 3.5 beschrieben, soll die Sicherheitsbescheinigung künftig von der ERA ausgestellt werden. Sie wird allerdings diejenigen NSAs mit einbeziehen, in deren Land das Verkehrsunternehmen den Betrieb aufnehmen will. Damit ist zwar noch keine EU-weite Gültigkeit verbunden, aber die gesonderte Antragstellung in den beim Antrag genannten Ländern entfällt. Sollen später noch andere Länder hinzukommen, erfolgt der Antrag wiederum bei der ERA und es muss zusätzlich wie auch schon bisher nachgewiesen werden, dass die notifizierten nationalen Regelwerke des hinzukommenden Landes eingehalten werden können. Die Verantwortung für die Erteilung liegt in beiden Fällen allein bei der ERA.

Will das Verkehrsunternehmen von vornherein jedoch nur in einem einzigen Mitgliedstaat den Betrieb aufnehmen, so kann es sich direkt an die Behörde dieses Landes wenden und von dort die Einheitliche Sicherheitsbescheinigung erhalten, die dann aber auch nur für das beantragte Land gültig ist. In diesem Fall liegt die Verantwortung für die Erteilung allein bei der betroffenen Behörde.

Durch die Einbeziehung der nationalen Behörden in multinationale Zulassungen soll einerseits vermieden werden, dass bei der ERA parallele Expertenstrukturen aufgebaut werden müssen. Andererseits soll aber die Alleinverantwortung der ERA und damit verbunden auch die Möglichkeit, bei national unterschiedlichen Einschätzungen eine Entscheidung zu fällen, diejenigen Probleme beheben, die sich bei der Erteilung zusätzlicher Teil-B-Bescheinigungen bisher gezeigt haben. Die Möglichkeit, rein nationale Bescheinigungen zu beantragen, soll wiederum ermöglichen, die inzwischen gut eingespielte Zusammenarbeit zwischen national agierenden Unternehmen und NSAs aufrechtzuerhalten.

Mit der ab 16. Juni 2019 gültigen[17] neuen Verordnung (EU) 2018/762 werden die **Anforderungen an die Sicherheitsmanagementsysteme von Verkehrsunternehmen und Infrastrukturbetreibern** in einem Dokument zusammengefasst. Bei der Überarbeitung der Anforderungen wurde die sogenannte High Level Structure (HLS) der ISO für Managementsysteme zugrunde gelegt. Damit soll den Unternehmen das Verständnis für die Prozessorientierung des SMS und die Integration in bestehende Managementsysteme erleichtert werden. Insbesondere zu beachten ist, dass der neue Text außerdem die Rolle des Faktors Mensch und den Einfluss der Sicherheitskultur auf einen sicheren Betrieb berücksichtigt.

Die Anforderungen gliedern sich für Verkehrsunternehmen und Infrastrukturbetreiber gleichermaßen in sieben Abschnitte:

- **Kontext der Organisation**: Beschreibung von Art und Umfang der Tätigkeit sowie aller für das SMS relevanten Schnittstellen

- Verhalten der **Führung**: Verpflichtung, das SMS einzurichten und weiterzuentwickeln sowie eine Sicherheitsordnung einzuführen, Darstellung aller Aufgaben und Zuständigkeiten, Einbindung der Mitarbeiter und Beteiligten

- **Planung** des Sicherheitsniveaus: Maßnahmen zur Beherrschung von Risiken sowie Setzen von Sicherheitszielen

- **Unterstützende Prozesse**: Bereitstellung von Ressourcen, Bilden und Aufrechterhalten der notwendigen Kompetenz der Mitarbeiter, Schaffung des Bewusstseins für sicherheitsrelevante Konsequenzen des eigenen Handelns, gezielte Steuerung der Kommunikationskanäle für sicherheitsrelevante Informationen, Dokumentation aller Informationen über Prozesse und Inhalte des SMS, Integration des Faktors Mensch in Bezug auf Nutzen und Grenzen von Fachwissen und Leistungsfähigkeit

- **Betriebliche Prozesse**: Betriebsplanung und -steuerung entsprechend des Arts und Umfangs der Tätigkeit, Verwaltung von Sachanlagen zur Abdeckung aller Sicherheitsrisiken während des gesamten Lebenszyklus von der Konstruktion bis zur Entsorgung eines Betriebsmittels, Beherrschung der Sicherheitsrisi-

---

[17] Nach Art. 33 der Sicherheitsrichtlinie 2016/798 können die Mitgliedstaaten den Umsetzungszeitraum dieser Verordnung um ein Jahr verlängern. Dies müssen die Mitgliedstaaten bis zum 16. Dezember 2018 der Agentur und der Kommission unter Vorlage einer Begründung notifizieren.

ken, die von Auftragnehmern, Partnern und Zulieferern ausgehen können, Verbesserung der Sicherheits-leistung im Rahmen eines Änderungsmanagements, Vorhalten eines Notfallmanagement zur Erfassung und Beherrschung von außerordentlichen Situationen und den erforderlichen Maßnahmen

- **Leistungsbewertung**: Überwachung der Wirksamkeit und Eignung der SMS-Prozesse und dementspre-chend auch des Sicherheitsniveaus, Planung und Durchführung von internen Audits

- **Kontinuierliche Verbesserung**: Ableiten von Maßnahmen aus der Leistungsbewertung, Lernen aus Un-fällen und Störungen

Für Verkehrsunternehmen und Infrastrukturbetreibern lauten die Anforderungen im Wesentlichen gleich. Die Unterschiede beziehen sich nur auf wenige Punkte, zum Beispiel in der Fahrzeugbeschaffung oder der koordinierenden Rolle des Infrastrukturbetreibers im Notfall.

Die Regelungen zur **Erteilung von einheitlichen Sicherheitsbescheinigungen** an Verkehrsunternehmen sind aus der Verordnung 1158/2010 in die Durchführungsverordnung (EU) 2018/763 überführt worden, in der auch die Verordnung (EG) Nr. 653/2007 aufgeht, welche die Formate der bisherigen Teile A und B festgelegt hat. Diese Verordnung regelt den Prozess der Erteilung sehr viel detaillierter und berücksichtigt dabei die positiven und negativen Erfahrungen, die Unternehmen und Behörden in den vergangenen Jahren gemacht haben. Der Zeitraum der Umsetzung unterliegt denselben Regeln wie oben für die Durchführungsversord-nung (EU) 2018/762 beschrieben.

- Insbesondere werden die Zuständigkeiten der ERA und der NSAs einschließlich der Koordinierung ihrer Tätigkeiten geregelt. Dabei wurde auch Wert darauf gelegt, den sogenannten Eindringungsverkehr, also das Anfahren eines grenznahen Bahnhofs in einem Nachbarstaat wieder bilateral und damit möglichst einfach zu regeln.

- Außerdem wird den Beteiligten eine frühzeitige Kontaktaufnahme empfohlen, um den Behörden zu er-möglichen, sich frühzeitig mit dem SMS des Antragstellers vertraut zu machen.

- Ein weiterer Schwerpunkt liegt auf dem Umgang mit Problemen und offenen Fragen. Probleme werden in vier Typen kategorisiert, in Abhängigkeit von ihrer Relevanz und Tragweite. Damit soll eine Harmoni-sierung bei der Beurteilung offener Fragen im Falle der Einbindung mehrerer Behörden erreicht werden.

- Es wird noch die notwendige Kompetenz der Mitarbeiter von ERA und NSAs definiert, damit ein fachlich einwandfreier Prozessablauf innerhalb der vorgegebenen Frist gewährleistet werden kann.

- Der größte Teil der Verordnung behandelt schließlich Inhalte und Ablauf der Sicherheitsbewertung. Diese hat zum Ziel, die Erfüllung der Anforderungen an ein SMS sowie der relevanten notifizierten nationalen Regeln zu prüfen.

Die **Erteilung der Sicherheitsgenehmigung** an Infrastrukturbetreiber erfolgt nach wie vor entsprechend der Verordnung 1169/2010, wird aber bis zur Aufhebung dieser Verordnung ebenfalls in eine neue Verordnung überführt werden.

Methoden zur Überwachung der korrekten Anwendung und der Effektivität des SMS

Die letzten beiden der hier vorgestellten CSMs sollten ursprünglich ebenfalls nur eine werden, mit der die Durchführung von Betrieb und Instandhaltung gemäß der einschlägigen, nicht-TSI-konformen Anforderun-gen überprüft werden sollte. Da dies als Überwachung der Einhaltung nationaler Vorschriften verstanden wurde, hat die ERA sich in Abstimmung mit der Kommission entschlossen, Verordnungen zur Überwachung der korrekten Anwendung und Effektivität des SMS zu erarbeiten, welche die Identifikation und Einhaltung sowohl der europäischen als auch der nationalen Vorschriften beinhalten.

Um die unterschiedlichen Bedürfnisse und Anforderungen an unternehmensinterne und staatliche Überwa-chungsaufgaben zu berücksichtigen, sind zwei CSMs abgeleitet worden: die Verordnung (EU) Nr. 1078/2012 **(CSM Monitoring)**, mit der die Verkehrsunternehmen, Infrastrukturbetreiber und ECMs ihr eigenes SMS überwachen, und die Verordnung (EU) Nr. 1077/2012 (**CSM Supervision**), nach deren Vorgaben die NSAs die Unternehmen nach Erteilung einer Sicherheitsbescheinigung oder -genehmigung überwachen.

Das Kontrollverfahren der **CSM Monitoring** umfasst Maßnahmen, die zum einen, wie für alle Prozesse im Rahmen eines Managementsystems üblich, umfassend dokumentiert werden müssen und die zum anderen sicherstellen, dass

- eine Strategie für die Kontrolle festgelegt wird, einschließlich von Prioritäten und Plänen, und zwar unter Berücksichtigung der Bereiche, in denen die größten Sicherheitsrisiken entstehen könnten, und mit der Definition von Indikatoren über unerwünschte Ergebnisse,

- Informationen gesammelt und analysiert werden, die sich auf die oben genannten Indikatoren aber auch auf die Anwendung und Effektivität des SMS als Ganzes beziehen,

- ein Aktionsplan bei Nichteinhaltung erstellt, seine Umsetzung veranlasst und seine Effektivität bewertet wird, damit künftig die Risikokontrolle korrekt durchgeführt, angemessen erweitert oder korrigiert und auf ihre Effektivität hin überprüft werden kann sowie gegebenenfalls auch personelle Konsequenzen vorgenommen werden können.

Besonders hervorzuheben ist die Regelung zum Informationsaustausch zwischen den beteiligten Akteuren gemäß Art. 4 der Verordnung. Zu Staatsbahnzeiten war es geübte Praxis, alle für die Weiterentwicklung des Systems notwendigen Informationen, insbesondere aus der Instandhaltung, im eigenen Haus zu behalten, in dem auch die Neuentwicklung der Fahrzeuge erfolgt ist. Die Weitergabe an die Hersteller, die zu dieser Zeit nur Zulieferer waren, aber nicht selbst entwickelt haben, erfolgte nur, wenn dieses für die Weiterentwicklungen notwendig war. Die Hersteller ihrerseits hatten kein Recht, Informationen einzufordern. Mit Art. 4 wird nun der allgemeine Informationsaustausch zumindest dann verpflichtend, wenn es sich um sicherheitsrelevante Informationen handelt.

Mit der **CSM Supervision** in ihrer bis zum 15. Juni 2019 gültigen Form[18] wird geregelt, wie die NSAs ihre Überwachung der Unternehmen gestalten, für die sie eine Sicherheitsbescheinigung oder -genehmigung ausgestellt haben. Das umfasst die

- Entwicklung einer unternehmensbezogenen Überwachungsstrategie mit zugehörigem Plan und Ressourcenzuordnung,

- Information der Betroffenen über Strategie, Pläne und deren Umsetzung,

- Durchführung der in Strategie und Plan aufgeführten Maßnahmen, einschließlich angemessener ergänzender oder kompensierender Maßnahmen bei Nichteinhaltung der angeordneten Maßnahmen durch die Betroffenen,

- Information aller Beteiligten über die Ergebnisse nach Ausführung des Plans, vor allem in Hinblick auf Verbesserungspotentiale bei den Beteiligten, aber auch beim rechtlichen Rahmen,

- Überprüfung der eigenen Überwachungsstrategie, um die Zielsetzung und den Mitteleinsatz an den aktuellen Bedarf anpassen zu können.

Selbstverständlich ist es auch Teil der Regelungen, dass die NSAs, die an der Überwachung multinational agierender Verkehrsunternehmen beteiligt sind, sich austauschen und zusammenarbeiten, dass sie ihre Entscheidungskriterien öffentlich machen, dass sie die Überwachung von kompetentem Personal ausführen lassen, dass sie mit den Unfalluntersuchungsbehörden zusammenarbeiten, und schließlich, dass sie ihre Überwachungsergebnisse in die künftige Bewertung des SMS eines Unternehmens einfließen lassen.

---

[18] Nach Art. 33 der Sicherheitsrichtlinie 2016/798 können die Mitgliedstaaten den Gültigkeitszeitraum auch dieser Verordnung um ein Jahr verlängern, bevor die Delegierte Verordnung (EU) 2018/761 in Kraft tritt. Dies müssen die Mitgliedstaaten bis zum 16. Dezember 2018 der Agentur und der Kommission unter Vorlage einer Begründung notifizieren.

Aber auch die Veränderungen, die sich in der Überarbeitung, also der Delegierten Verordnung (EU) 2018/761, finden, beziehen sich vor allem auf die Regelungen zur koordinierten und gemeinsamen Aufsicht von ERA und NSAs sowie der Sicherstellung der Kompetenz der überwachenden Behördenmitarbeiter. Interessanterweise legen die Erwägungsgründe außerdem nahe, die Überwachungstätigkeiten in gegenseitigem Vertrauen und angemessener Weise durchzuführen.

7.6 Funktionale Sicherheit

Wie bereits im Eingangsteil dieses Kapitels erwähnt, haben sich die Verfahren zur Gewährleistung von technischer und betrieblicher Sicherheit im Laufe der Zeit gewandelt. Hat man sich früher nur auf das sichere und zuverlässige Funktionieren eines fertigen (mechanischen) Produkts konzentriert, betrachtet man heutzutage auch seinen Entwicklungs- und Herstellungsprozess. Ausgelöst wurde dieser Wandel durch den zunehmenden Einsatz von elektrischen und elektronischen Systemen zur Steuerung und Regelung, welche die Produktkomplexität signifikant erhöht haben. Die Dokumentation von Entwicklung und Herstellung konnte sich nicht mehr auf technische Zeichnungen beschränken, sondern musste auch deren Abläufe oder auch die Inhalte der Software beschreiben, mit denen die Produkte gesteuert oder überwacht wurden.

7.6.1 Inhaltliche und normative Grundlagen

Die Überwachung des ordnungsgemäßen Funktionierens solcher Systeme mit sicherheitsrelevanten Aufgaben wird als das **Konzept der funktionalen Sicherheit** bezeichnet. Um diese funktionale Sicherheit zu gewährleisten, müssen Verantwortlichkeiten und die Aufgaben der Verantwortlichen über den gesamten Lebenszyklus festgelegt und lückenlos dokumentiert werden. Dabei orientiert sich das Konzept an den Anforderungen, die von etablierten Managementsystemen bekannt sind, also zum Beispiel Strategie, Informationsfluss zwischen allen Beteiligten, Gefährdungs- und Risikoanalyse, Ereignisdokumentation und -analyse, Kompetenz der Mitarbeiter, Qualität der Zulieferprodukte.

Die seit Mitte der 1990er Jahre normativ erfasste funktionale Sicherheit im Maschinenwesen beinhaltete noch keine E/E/EP-Systeme[19] mit Sicherheitsfunktionen, hat aber das Konzept bereits beschrieben. Deren wachsende Bedeutung hat zum einen dazu geführt, dass die Norm EN 954-1 über die Sicherheit von Maschinen zurückgezogen und durch die jeweils gültige Fassung der EN 13849-1 ersetzt wurde. Zum anderen ist die siebenteilige Normenreihe IEC 61508 über Funktionale Sicherheit sicherheitsbezogener elektrischer/elektronischer/programmierbarer elektronischer Systeme veröffentlicht worden, die in Europa als EN 61508 übernommen wurde und in Deutschland außerdem als DIN 61508 VDE 0803 geführt wird. Die IEC 61508 bildet zusammen mit der EN ISO 13849-1 und der EN 62061 über die funktionale Sicherheit sicherheitsbezogener elektrischer, elektronischer und programmierbarer elektronischer Steuerungssysteme die wesentlichen Normen der funktionalen Maschinensicherheit.

Funktionale Sicherheit dient vor allem der Vermeidung von systematischen Fehlern während der Konzeption und Entwicklung eines Systems mit sicherheitsrelevanten Aufgaben, und zwar für Hard- und Software. Der jeweils notwendige Grad der Vermeidung, also die Effektivität der eingesetzten Maßnahmen zur Risikoreduktion wird produkt- bzw. anwendungsspezifisch durch einen Sicherheitsintegritätslevel (SIL) bestimmt.

Während des Betriebs müssen zufällige und systematische Fehler beherrscht werden. Die Bewertung, ob eine Maßnahme für die Fehlerbeherrschung geeignet ist, erfolgt über Aussagen zur Eintritts- und Schadenswahrscheinlichkeit des Fehlers unter Anwendung der Maßnahme (probabilistischer Ansatz). Außerdem werden die Fehlertoleranz der Hardware (HFT *Hardware Failure Tolerance*) bestimmt und der Anteil an Fehlern, die kein Potential haben, das System in einen gefährlichen Zustand zu versetzen (SFF *Safe Failure Fraction*).

Damit wird über die Versagenswahrscheinlichkeit eine quantitative Aussage über das verbleibende Risiko getroffen und dessen Grenzwert ist der SIL. Die IEC 61508 kennt vier SIL-Stufen, die einem System jeweils zugeordnet und über dessen gesamten Lebenszyklus eingehalten werden müssen. Je höher die Anforderung

---

[19] E/E/PE System = Elektrisches/Elektronisches/Programmierbares Elektronisches System

an die Sicherheit ist und je niedriger damit die Versagenswahrscheinlichkeit sein darf, umso höher ist die SIL-Stufe.

7.6.2 Die Anwendung in der Bahnbranche

Die IEC 61508 hat in vielen Branchen zur Entstehung von Sektoranwendungsnormen geführt und so das Konzept der funktionalen Sicherheit in zahlreiche technische Fachgebiete übertragen. In der Bahnbranche sind drei Normen erarbeitet worden:

- **EN 50126:2000-03 – Bahnanwendungen – Spezifikation und Nachweis der Zuverlässigkeit, Verfügbarkeit, Instandhaltbarkeit und Sicherheit (RAMS)**: Diese Norm beschreibt die generischen Aspekte des bahnspezifischen RAMS-Lebenszyklus. Das umfasst einen Sicherheitsmanagementprozess, einen Prozess zur Lenkung von RAMS, der auf dem System-Lebenszyklus beruht und einen systematischen Prozess zur Festlegung der RAMS-Anforderungen und des Nachweises ihrer Erfüllung, der an Typ und Größe des betrachteten Systems angepasst werden muss. Damit können auch Konflikte zwischen den einzelnen RAMS-Elementen gehandhabt werden.

- **EN 50128:2012-03 – Bahnanwendungen – Telekommunikationstechnik, Signaltechnik und Datenverarbeitungssysteme – Software für Eisenbahnsteuerungs- und Überwachungssysteme**: Diese Norm beschreibt Anforderungen an die Entwicklung, Bereitstellung und Wartung sicherheitsrelevanter Software. Das umfasst auch Anforderungen an die Struktur der Organisation, die Aufteilung der Verantwortlichkeiten aller Beteiligten und die Personalkompetenz. Die Norm übernimmt die vier SIL-Stufen der IEC 61508, fügt aber noch eine fünfte dazu, nämlich SIL 0, also der niedrigste Anspruch an Sicherheit und damit die größtmöglich erlaubte Versagenswahrscheinlichkeit.

- **EN 50129:2017-07 – Bahnanwendungen – Telekommunikationstechnik, Signaltechnik und Datenverarbeitungssysteme – Sicherheitsrelevante elektronische Systeme für Signaltechnik**: Diese Norm be+standhaltung und Änderung bzw. Erweiterung von kompletten Signalsystemen oder auch ihrer Teilsysteme zur Gewährleistung der funktionalen Sicherheit. Um die Sicherheitsanforderungen zu bestimmen, sind eine Gefährdungsanalyse und Risikobewertungsprozesse Voraussetzung.

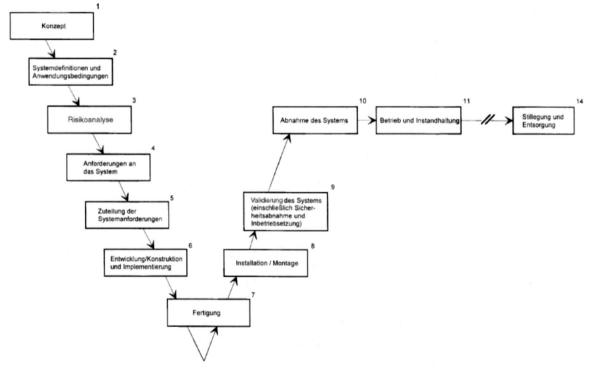

Abbildung 13: Das V-Modell in der Bahnindustrie (© EN 50126)

Mit diesen Normen ist auch das V-Modell in der Bahnindustrie etabliert worden. Dieses Modell, das seinen Namen von der v-förmigen Anordnung der Prozessphasen ableitet, ist in den 1980er Jahren in der Software-entwicklung eingeführt worden, hat sich aber inzwischen auch für Entwicklungsprozesse anderer Produkte durchgesetzt. Es folgt zwei Prinzipien: der Abschluss einer jeden Phase ist Voraussetzung für den Beginn der nachfolgenden Phase und jeder spezifizierenden Phase auf dem absteigenden Ast ist eine Inbetriebnahme- und Testphase auf dem aufsteigenden Ast gegenübergestellt. In Abbildung 13, welche die Übertragung des V-Modells in die Bahnbranche zeigt, erkennt man zum Beispiel die Gegenüberstellung von Systemdefinition und Risikoanalyse mit der Abnahme sowie die Zuteilung der Systemanforderungen mit der Validierung oder auch die Konstruktion mit der Montage.

Zur praktischen Umsetzung der Normen und zur Bildung eines gemeinsamen Verständnisses ist in Deutschland von einer branchenweiten Arbeitsgruppe die **Sicherheitsrichtlinie Fahrzeug (SIRF)** entwickelt worden. Für eine große Zahl an Funktionen im Fahrzeug werden SIL-Stufen vorgeschlagen.

7.7 Entity in Charge of Maintenance (ECM)

Mit der Änderungsrichtlinie 2008/110/EG zur Sicherheitsrichtlinie 2004/49/EG ist die für die **Instandhaltung zuständige Stelle (*Entity in Charge of Maintenance*, ECM)** eingeführt worden, die jedem Wagen im Nationalen Wagenregister (*National Vehicle Register*, NVR) zugeordnet werden muss, bevor er auf dem Netz genutzt wird. Damit soll ein wichtiger Beitrag zur Betriebssicherheit, aber auch zur Interoperabilität des rollenden Materials geschaffen werden.

7.7.1 Grundsätze der Zertifizierung

Für Güterwagen muss das ECM zertifiziert sein. Ist ein Verkehrsunternehmen oder ein Infrastrukturbetreiber gleichzeitig ECM, so ist es sinnvoll, die Zertifizierung in das Verfahren für die Sicherheitsbescheinigung bzw. -genehmigung einzugliedern. Zur Zeit gelten diese Regelungen zwar nur für solche ECMs, die Güterwagen instandhalten, sie sollen aber in Folge des vierten Eisenbahnpakets im Laufe der kommenden Jahre auch auf andere Eisenbahnfahrzeuge ausgeweitet werden.

Die grundsätzlichen Regelungen werden in Art. 14 der neuen Sicherheitsrichtlinie 2016/798/EU getroffen. Die Zertifizierung einer Instandhaltungsstelle als ECM erfolgt durch akkreditierte oder anerkannte Stellen oder die nationalen Sicherheitsbehörden. Die Fähigkeiten, die ein ECM besitzen muss, um ein ECM-Zertifikat zu erhalten, werden in Anhang III der Sicherheitsrichtlinie festgelegt.

Ein ECM stellt sicher, dass sich die in ihrer Zuständigkeit befindlichen Fahrzeuge in einem sicheren Betriebs-zustand befinden. Dies geschieht unbeschadet der Verantwortung von Verkehrs- und Infrastrukturbetreibern für den sicheren Betrieb eines Zuges. Dafür muss ein ECM ein **Instandhaltungssystem** einrichten. Dies besteht zum einen aus den für ein Managementsystem üblichen Prozessen für die Managementfunktionen, die Dokumentation und Nachvollziehbarkeit der Tätigkeiten sowie die Risikobewertung (nach CSM RA) und zum anderen den technischen Voraussetzungen für die Instandhaltungserbringungsfunktion einschließlich der Betriebsfreigabe.

Ausbesserungswerke oder ähnliche Einrichtungen, die einen Teil der Instandhaltungserbringungsfunktion oder auch andere Systembestandteile ausführen, können sich auf freiwilliger Basis zertifizieren lassen.

7.7.2 Das Zertifizierungssystem für ECMs

Das derzeit gültige Zertifizierungssystem ist in der Verordnung (EU) Nr. 445/2011 über ein System zur Zertifizierung von für die Instandhaltung von Güterwagen zuständigen Stellen niedergelegt. Es ist aber vorgesehen, dieses System an die Weiterentwicklung der CSM und TSI sowie den Anhang III der neuen Sicherheits-richtlinie anzupassen und mit einem neuen Rechtsakt verbindlich zu machen.

Zweck des Zertifizierungssystems ist der Nachweis, dass ein ECM sein Instandhaltungssystem eingerichtet hat und in der Lage ist, die in der Verordnung festgelegten Anforderungen zu erfüllen. Damit soll gewährleistet werden, dass die Güterwagen, für dessen Instandhaltung das ECM zuständig ist, in einem sicheren Betriebszustand sind.

Die Zertifizierung beruht auf einer **Prüfung**, die gemäß den inhaltlichen Vorgaben der ERA erfolgt, und einer jährlichen **Überwachung**, um die fortlaufende Erfüllung der anwendbaren Anforderungen nach Erteilung des ECM-Zertifikats sicherzustellen. Dies entspricht der Vorgehensweise bei etablierten Managementsystemen. Das Zertifikat ist genauso wie bei den Sicherheitsbescheinigungen und -genehmigungen für einen Zeitraum von bis zu fünf Jahren gültig, bei Neueinsteigern nur ein Jahr.

Will sich ein Verkehrsunternehmen zertifizieren lassen, so kommt es darauf an, ob es die Instandhaltung in eigenen Werkstätten oder bei Dritten, also Auftragnehmern, durchführen lassen wird. Im ersten Fall erfolgt die Zertifizierung im Rahmen der Erteilung der Sicherheitsbescheinigung. Im zweiten Fall muss die Kontrolle der Fähigkeiten des Dienstleisters über entsprechende Prozesse des SMS gewährleistet werden.

Lassen sich die Auftragnehmer ebenfalls im Rahmen ihres Kompetenzbereiches zertifizieren, ist der Nachweis erfolgt. Ansonsten muss das Verkehrsunternehmen im Rahmen der Zertifizierung darlegen, wie die Sicherstellung der Anforderungserfüllung erfolgen soll. Die Zertifizierung der Auftragnehmer erfolgt nach denselben Kriterien, wie die allgemeine ECM-Zertifizierung, angepasst an den konkreten Aufgabenbereich. Diese Kriterien sind in Anhang III der Verordnung 445/2011 beschrieben.

Die Zertifizierung kann für das gesamte Instandhaltungssystem oder, bei Auftragnehmern, für einzelne Bestandteile davon erfolgen. So ist auch eine Zertifizierung nur als Instandhaltungserbringungsfunktion möglich und wird von vielen Werkstätten und Herstellern angestrebt, die als Dienstleister für andere ECM arbeiten wollen. Die Managementfunktion muss allerdings in jedem Fall vom ECM wahrgenommen werden. Die einzelnen Bestandteile sind:

- **Managementfunktion** zur Beaufsichtigung und Koordinierung der Instandhaltungsfunktionen und zur Gewährleistung des sicheren Zustands der Güterwagen im Eisenbahnsystem

- **Instandhaltungsentwicklungsfunktion** mit der Zuständigkeit für die Verwaltung der Instandhaltungsunterlagen, einschließlich des Konfigurationsmanagements, auf der Grundlage von Konstruktions- und Betriebsdaten sowie Leistung und Erfahrungen

- **Fuhrpark-Instandhaltungsmanagementfunktion** zur Verwaltung der Aussetzung von Güterwagen zur Instandhaltung und deren Wiederinbetriebnahme nach der Instandhaltung

- **Instandhaltungserbringungsfunktion** zur Erbringung der technischen Instandhaltung eines Güterwagens oder von Teilen davon, einschließlich der Betriebsfreigabeunterlagen

Zusätzlich wird die technische Instandhaltung in fünf Stufen eingeteilt, die im Rahmen der Zertifizierung zu Einschränkungen oder Erweiterungen des Kompetenzbereiches führen können:

- Erste Stufe: Inspektionen und Überwachung vor Abfahrt des Zuges oder unterwegs, die im Regelfall vom Triebfahrzeugführer oder dem Zugpersonal durchgeführt und nicht untervergeben werden.

- Zweite und dritte Stufe: **leichte Instandhaltung**, durchgeführt am gesamten Fahrzeug, mit Austausch, Messen und Prüfen von Bauteilen und Komponenten.
    - o Zweite Stufe: Inspektionen, Tests, einfacher Austausch von Bauteilen, kurzfristig wirkende Präventiv- oder Korrekturmaßnahmen während des Betriebs.
    - o Dritte Stufe: Präventiv- und Korrekturmaßnahmen sowie planmäßiger Austausch von Bauteilen oder Komponenten in einer spezialisierten Werkstatt während einer Unterbrechung des Betriebs gemäß der Fristen.

- Vierte und fünfte Stufe: **schwere Instandhaltung**, mit dem Ziel, den aktuell vorgeschriebenen Fahrzeugzustand zu erreichen bzw. zu erhalten, einschließlich einer teilweisen oder gänzlichen Demontage und einem Wiederaufbau des Fahrzeugs oder auch einzelner Komponenten.
  - o Vierte Stufe: Überholungen oder Revisionen einzelner Teilsysteme oder des gesamten Fahrzeugs gemäß der Fristen und in entsprechend ausgerüsteten Werkstätten.
  - o Fünfte Stufe: Aufarbeitungen, Umrüstungen, schwere Reparaturen etc., die unabhängig von Fristen sind, noch nicht einer neuen Zulassung bedürfen und in ausgewiesenen Werkstätten durchgeführt werden.

7.8 Quellen und weiterführende Literatur

Alle in diesem Kapitel genannten europäischen Rechtsakte und Veröffentlichungen können anhand ihrer Nummer und Bezeichnung auf der Internetseite des Amts für Veröffentlichungen der Europäischen Union unter http://eur-lex.europa.eu/homepage.html?locale=de in allen zum Zeitpunkt der Veröffentlichung

Alle hiergenannten deutschen Gesetze sind mithilfe der genannten Bezeichnung online über die Internetseite https://www.bgbl.de/ des Bundesanzeiger Verlags und auf der Homepage der gemeinsamen Initiative des Bundesministeriums der Justiz und für Verbraucherschutz und der juris GmbH https://www.gesetze-im-internet.de/ abzurufen

DIN EN IEC 61508-4:2010 Funktionale Sicherheit sicherheitsbezogener elektrischer/elektronischer/programmierbarer elektronischer Systeme – Teil 4: Begriffe und Abkürzungen; zu erwerben über https://www.beuth.de/de

DIN EN 50126:2000-03 Bahnanwendungen – Spezifikation und Nachweis der Zuverlässigkeit, Verfügbarkeit, Instandhaltbarkeit und Sicherheit (RAMS); zu erwerben über https://www.beuth.de/de

DIN EN 50128:2012-03 Bahnanwendungen – Telekommunikationstechnik, Signaltechnik und Datenverarbeitungssysteme – Software für Eisenbahnsteuerungs- und Überwachungssysteme; zu erwerben über https://www.beuth.de/de

Informationen der ERA zum Sicherheitsmanagementsystem, http://www.era.europa.eu/tools/sms/Pages/SMS.aspx

Informationen des EBA zur funktionalen Sicherheit, https://www.eba.bund.de/DE/Themen/Fahrzeuge/Fahrzeugtechnik/funktionale_Sicherheit/funktionale_sicherheit_node.html

DIN EN 954-1:1996 – Sicherheit von Maschinen, inzwischen zurückgezogen und seit 2007 ersetzt durch die jeweils aktuelle Fassung DIN EN ISO 13849-1 – Sicherheit von Maschinen; zu erwerben über https://www.beuth.de/de

DIN EN 62061 – Sicherheit von Maschinen – Funktionale Sicherheit sicherheitsbezogener elektrischer, elektronischer und programmierbarer elektronischer Steuerungssysteme; zu erwerben über https://www.beuth.de/de

DIN EN 50129:2017-07 Bahnanwendungen – Telekommunikationstechnik, Signaltechnik und Datenverarbeitungssysteme – Sicherheitsrelevante elektronische Systeme für Signaltechnik; zu erwerben über https://www.beuth.de/de

Informationen des EBA zur SIRF: https://www.eba.bund.de/DE/Themen/Fahrzeuge/Fahrzeugtechnik/funktionale_Sicherheit/funktionale_sicherheit_node.html

Informationen der ERA zur Zertifizierung der für die Instandhaltung verantwortlichen Stellen: http://www.era.europa.eu/Document-Register/Documents/ECM-guide%20V2%20-%20ERA-GUI-100.pdf

8   Interoperabilität

Nachdem die Interoperabilität Mitte der 1990er Jahre zunächst nur für den Hochgeschwindigkeitsverkehr beschlossen wurde, ist dies nach und nach erweitert worden. Im Jahr 2001 weitete das erste Eisenbahnpaket den Geltungsbereich betrieblich auf den konventionellen Verkehr und räumlich auf alle zum Transeuropäischen Verkehrsnetz (TEN-T) zugehörigen Strecken aus. Auf Basis des Mandats „TSI Scope Extension", welches die ERA im Jahr 2010 von der Kommission erhalten hat, wurde der Geltungsbereich schließlich auf alle Strecken, also auch außerhalb des TEN-T ausgeweitet. Damit soll erreicht werden, dass es in den Mitgliedstaaten keine Unterscheidung zwischen Zulassungen für TEN- und Off-TEN-Strecken mehr geben wird. Strecken, die nicht der Interoperabilitätsrichtlinie unterliegen, müssen explizit von den Mitgliedstaaten ausgewiesen werden, gemäß Art. 1 der Interoperabilitäts- und Art. 2 der Sicherheitsrichtlinie.

Mit der neuen Interoperabilitätsrichtlinie (EU) 2016/797 sollen nicht nur die verschiedenen Vorgängerversionen vereinheitlicht, sondern auch der Binnenmarkt durch technische Harmonisierung und damit einhergehend eine vereinfachte, europaweit gültige Zulassungen vorangebracht werden.

8.1   Die Transeuropäischen Netze (TEN)

Das System der Transeuropäischen Netze hat die Kommission Anfang der 1990er Jahre eingeführt und zwar für die Infrastrukturen des Verkehrs (TEN-T), der Energieversorgung (TEN-E) sowie der Informations- und Telekommunikationstechnologie (eTEN). Die Rechtsgrundlage für die Entwicklung der TENs ist durch Art. 170 AEUV[20] gegeben und soll der Verwirklichung des Binnenmarktes, der Einheit der Union und der regionalen Entwicklung dienen.[21]

Die ersten Konzepte für das TEN-T sind mit der Entscheidung Nr. 1692/96/EG veröffentlicht und inzwischen mehrfach überarbeitet worden. Der aktuelle Stand wird durch Verordnung (EU) Nr. 1315/2013 festgelegt. Das TEN-T besteht aus einem Kernnetz und einem Gesamtnetz. Letzteres umfasst das gesamte Bestandsnetz. Das Kernnetz wird durch neun Verkehrskorridore definiert. Es besteht aus jenen Teilen des Gesamtnetzes, die von größter strategischer Bedeutung für die Verwirklichung der politischen Ziele sind, die mit dem Aufbau des transeuropäischen Verkehrsnetzes verfolgt werden. Teilweise müssen dafür auch neue Infrastrukturen bereitgestellt werden. Die in Abbildung 14 auch bildlich dargestellten Korridore sind im Einzelnen:

- **Skandinavien-Mittelmeer-Korridor** vom Norden Europas mit der Fehmarnbelt-Überquerung, Brenner-Basis-Tunnel und einer Verlängerung über Sizilien bis nach Malta

- **Nordsee-Ostsee-Korridor** als Verbindung von Ostsee- und Nordseehäfen durch den Mittelland-Kanal und ein Normalspur-Großprojekt in den baltischen Ländern und Polen

- **Nordsee-Mittelmeer-Korridor** mit Beginn in Irland, um die Britischen Inseln besser an das europäische Festland anzuschließen, und vor allem mit Wasserwegen bis hin nach Südfrankreich

- **Ostsee-Adria-Korridor** über das industrialisierte Schlesien, den Semmering-Basis-Tunnel und die Koralm-Autobahn

- **Orient-Östliches-Mittelmeer-Korridor** als Verbindung zwischen Nord- und Ostsee und dem östlichen Mittelmeer sowie dem Schwarzen Meer über die Elbe und das Schwarze Meer und einer Verlängerung von Griechenland nach Zypern

---

[20] Art. 170 AEUV (1) *Um einen Beitrag zur Verwirklichung der Ziele der Artikel 26* (Anm.: Binnenmarkt) *und 174* (Anm.: Zusammenhalt und regionale Entwicklung innerhalb der Union) *zu leisten und den Bürgern der Union, den Wirtschaftsbeteiligten sowie den regionalen und lokalen Gebietskörperschaften in vollem Umfang die Vorteile zugute kommen zu lassen, die sich aus der Schaffung eines Raumes ohne Binnengrenzen ergeben, trägt die Union zum Auf- und Ausbau transeuropäischer Netze in den Bereichen der Verkehrs-, Telekommunikations- und Energieinfrastruktur bei.*
[21] Weitere Informationen zu den TENs finden sich auf den Homepages der jeweils verantwortlichen Generaldirektorate DG MOVE (TEN-T), DG ENER (TEN-E), DG CONNECT und DG DIGIT (eTen)

© Springer Fachmedien Wiesbaden GmbH, ein Teil von Springer Nature 2019
C. Salander, *Das Europäische Bahnsystem*, https://doi.org/10.1007/978-3-658-23496-6_8

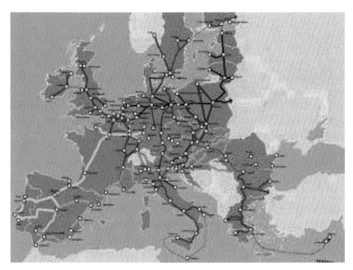

Abbildung 14: Korridore des Kernnetzes des TEN-T (© DG MOVE)

- **Rhein-Alpen-Korridor** zwischen den Nordseehäfen und Genua mit dem Rhein als Wasserweg und dem Gotthard-Basis-Tunnel, dem Lötschberg-Tunnel, Zimmerberg-Tunnel und dem Ceneri-Basis-Tunnel sowie den zugehörigen Zufahrtswegen in Deutschland und Italien

- **Atlantik-Korridor** zwischen der Iberischen Halbinsel und Mannheim/Strasbourg mit Hochgeschwindig-keitszugstrecken und der Seine als Wasserweg, aber auch mit Hochseeschifffahrt

- **Rhein-Donau-Korridor** mit Main und Donau als Hauptverkehrsader zwischen Süddeutschland und dem Schwarzem Meer

- **Mittelmeer-Korridor** entlang der Mittelmeerküste von Spanien bis zur Ukraine

Das TEN-T soll nachhaltige, effiziente Verkehrsdienste ermöglichen. Dafür ist ein effizienter Betrieb und Nutzung der Infrastrukturen erforderlich, der durch den Ausbau der Verkehrsinfrastrukturen und den Einsatz von Telematikanwendungen erreicht werden soll. Dies umfasst nicht nur den Schienenverkehr, sondern auch die Binnenschifffahrt, den Straßenverkehr, den Seeverkehr, den Luftverkehr und den multimodalen Verkehr. In der Verordnung werden daher die Infrastrukturanforderungen festgelegt.

8.2 Inhalte der Interoperabilitätsrichtlinie

Um grenzüberschreitenden Schienenverkehr in einem europäischen Binnenmarkt auf dem TEN-T betreiben zu können, ist die Harmonisierung der technischen Ausstattung von Infrastruktur und Fahrzeugen sowie deren Betrieb und Instandhaltung von grundlegender Bedeutung. Die rechtlichen und formalen Voraussetzungen werden durch die Interoperabilitätsrichtlinie festgeschrieben, wobei die zu berücksichtigenden Netze und Systemteile denen der Sicherheitsrichtlinie entsprechen.

In der Interoperabilitätsrichtlinie werden, wie bereits in Kapitel 3.1 dargestellt, Teilsysteme festgelegt, um mit der besonderen Komplexität des Systems Bahn besser umgehen zu können. Die Richtlinie soll aber gleichzeitig für Kohärenz zwischen den Teilsystemen sorgen. Herstellung, Inverkehrbringen und Betreiben von Eisenbahnkomponenten folgen dem neuen Rechtsrahmen (siehe Abschnitt 8.3). Auf Gesetzesebene mit der Interoperabilitätsrichtlinie werden die grundlegenden Anforderungen an die Produkte und den Betrieb der einzelnen Teilsysteme formuliert, für die wiederum mit den TSIs die grundlegenden Anforderungen weiter spezifiziert wurden. Nachgeordnet ist ein System aus europäischen Normen und vielfach auch noch UIC-Merkblättern, das die standardisierten Produkt- und Prozessanforderungen ausführt. Da die Komplexität des

Systems Bahn auch eine über die allgemeinen Regelungen des neuen Rechtsrahmens hinausgehenden Regelung der Produkt- und Fahrzeugzulassung erfordert, bekommt dieser Aspekt in der Richtlinie auch besonderes Gewicht.

Dafür legt die Richtlinie im Einzelnen fest:

- Methoden zur Ausarbeitung, Annahme, Überarbeitung und Veröffentlichung der **TSIs** sowie die **grundlegenden Anforderungen** an Teilsysteme und Interoperabilitätskomponenten und die Nichtanwendung der TSIs (Art. 4 – 7 und Anhang III)

- **Interoperabilitätskomponenten** und ihre Konformitätsbewertungsverfahren (Art. 8 – 11, 15(9) und Anhang IV)

- Inbetriebnahme der **Teilsysteme** in interoperablen, TSI-kompatiblen und nationalen Systemen, auch bei Nichtübereinstimmung mit den grundlegenden Anforderungen, einschließlich der Einstufung der relevanten nationalen Vorschriften und der Erstellung der National Reference Documents (Art. 12 – 17, 18(2) und Anhang II)

- **Inverkehrbringen und Inbetriebnahme** von Infrastruktur und ERTMS (Art. 18 und 19) sowie von TSI-konformen und nicht-TSI-konformen Fahrzeugen und Fahrzeugtypen, einschließlich deren Registrierung und Prüfung sowie dem Verfahren bei Nichterfüllung der grundlegenden Anforderungen (Art. 20 – 26)

- Einführung der **Konformitätsbewertungsstellen**, benannte Stellen und bestimmte Stellen (Art. 27 – 44)

- Aufstellen von **Registern** für die Infrastrukturausrüstung und alle Fahrzeuge auf nationaler und europäischer Ebene (Art. 46 – 49)

8.3 Die Anwendung des neuen Rechtsrahmens in der Bahnbranche

Der neue Rechtsrahmen zur Zertifizierung und Zulassung von Produkten ist ausführlich in Kapitel 2.3 beschrieben worden. Er bildet auch die Grundlage für die Interoperabilitätsrichtlinie und ihre Bestimmungen zur Zulassung von Produkten des Bahnsystems. Die Besonderheit des Systems Bahn besteht in der bereits genannten Einführung von sieben strukturellen und funktionellen Teilsystemen im Anhang II der Interoperabilitätsrichtlinie, mit denen die Komplexität beherrscht werden soll.

Die strukturellen Teilsysteme sind

- Infrastruktur,
- Energie,
- Zugsteuerung, Zugsicherung und Signalgebung (strecken- und fahrzeugseitig),
- Fahrzeuge.

Die funktionellen Teilsysteme umfassen

- Betriebsführung und Verkehrssteuerung,
- Instandhaltung,
- Telematik-Anwendungen für den Personen- und Güterverkehr.

Die im Anhang III der Interoperabilitätsrichtlinie festgelegten grundlegenden Anforderungen an die Produktionsmittel im Bahnbereich lauten

- Sicherheit,
- Zuverlässigkeit und Verfügbarkeit,
- Gesundheit,
- Umweltschutz,
- Technische Kompatibilität,
- Zugänglichkeit.

Jedes der sieben Teilsysteme muss für sich die sechs grundlegenden Anforderungen erfüllen. In Anhang III wird daher für jedes der Teilsysteme gesondert erklärt, wie die Anforderungen zu verstehen und umzusetzen sind. Diese Erläuterungen erfüllen aber noch nicht die Detailtiefe, die im Allgemeinen von Produktrichtlinien im neuen Rechtsrahmen verlangt wird. Daher sind zwischen den Ebenen der Interoperabilitätsrichtlinie und der harmonisierten Normen noch EU-Verordnungen zur **„Technischen Spezifikation Interoperabilität"** (TSI) eingeführt wurden. Jedes strukturelle und funktionelle Teilsystem hat eine eigene TSI, in der die konkreten Spezifikationen mit dem Verweis auf die zugehörigen harmonisierten Normen und, soweit noch gültig, UIC-Merkblätter gegeben werden.

Unterhalb der Teilsysteme können sogenannte **Interoperabilitätskomponenten** definiert werden, die Bestandteil eines Teilsystems sind:

- **allgemeine Komponenten**, die als solche nicht nur in der Eisenbahntechnik verwendet werden können,

- **allgemeine Komponenten mit besonderen Eigenschaften**, die nicht speziell nur für die Eisenbahntechnik verwendet werden, jedoch im Bahneinsatz besondere Leistungskenndaten aufweisen müssen,

- **besondere Komponenten,** die speziell in der Eisenbahntechnik verwendet werden.

Das besondere Merkmal einer Interoperabilitätskomponente ist, dass die Interoperabilität des Eisenbahnverkehrs tatsächlich direkt oder indirekt von dieser Komponente abhängig sein muss.

Außerdem werden die Prüfverfahren für die Konformitätsbewertungen vorgegeben. Für Bahnprodukte muss die Konformitätsbewertung durch eine **benannte Stelle** (im Sprachgebrauch zumeist als *NoBo* bezeichnet) ausgeführt werden. Die benannten Stellen prüfen und erklären die Konformität des Teilsystems oder einer Interoperabilitätskomponente mit den Anforderungen aus den TSIs und den nachgeordneten Normen und Regelwerken.

Aufgrund der Lebensdauer der Infrastruktur weist das System Bahn europaweit immer noch sehr viele nationale Eigenheiten und damit auch nationale Vorschriften auf. Um dieser weiteren Besonderheit und Komplexität gerecht zu werden, gibt es zusätzlich eine Konformitätsbewertung auf nationaler Ebene durch eine sogenannte **bestimmte Stelle** (*designated body*, im Sprachgebrauch als *DeBo*, nach der alten Interoperabilitätsrichtlinie als benannte beauftragte Stellen bezeichnet). Bestimmte Stellen können gleichzeitig benannte Stellen sein. Die EU ist jedoch bestrebt, den nationalen Anteil am Prüfverfahren so schnell wie möglich und wirtschaftlich vertretbar zu reduzieren, um damit vor allem für grenzüberschreitend agierende Verkehrsunternehmen Barrieren für den Eintritt in nationale Märkte abzubauen.

Für Innovationen, die (noch) nicht durch das Regelwerk abgedeckt sind, und auch für bestimmte Anforderungen aus den TSIs erfolgt anstelle der Konformitätsbewertung eine Sicherheitsbewertung gemäß vorgegebenem EU-Regelwerk durch den Hersteller. Die ordnungsgemäße Durchführung und Plausibilität der Ergebnisse muss durch einen Sicherheitsbewertungsbericht von der in der CSM RA eingeführten **akkreditierten Bewertungsstelle** (*AssBo*) belegt werden.

Die für den Bahnbereich und seine einzelnen Teilsysteme anzuwendenden **Module** der Konformitätsbewertung sind im Kommissionsbeschluss 2010/713/EU festgelegt (siehe Tabelle 2) und entsprechen den allgemeinen Vorgaben durch den neuen Rechtsrahmen. Es wird unterschieden in die Bewertung der **Konformität** der Komponenten mit den einschlägigen technischen Spezifikationen und der **Gebrauchstauglichkeit** der Komponente in ihrer eisenbahntechnischen Umgebung und anhand der betriebstechnischen Spezifikationen, insbesondere funktionaler Art. Außerdem werden Module für die Bewertung von einzelnen Interoperabilitätskomponenten und ganzen Teilsystemen unterschieden.

8.4 Grundsätzlicher Aufbau der Technischen Spezifikationen Interoperabilität

An dieser Stelle soll nun die **Struktur der TSIs** genauer betrachtet werden. TSIs werden seit dem Jahr 2015 durchgehend als Verordnungen, also mit unmittelbarer Gültigkeit in allen Mitgliedstaaten, veröffentlicht. Die früheren Versionen waren fast ausschließlich Entscheidungen, allerdings ebenfalls mit den Mitgliedstaaten als Adressaten. Sie beinhalten wie alle EU-Rechtsakte zu Beginn die Erwägungsgründe und dann die Artikel mit den formalen rechtsetzenden Inhalten. Hierin wird der Umgang mit offenen Punkten, Sonderfällen, Projekten in fortgeschrittenem Entwicklungsstadium, Konformitätsbewertung und Innovationen definiert.

Tabelle 2: Die Module zur Konformitätsbewertung für die Eisenbahn (© EBC Eisenbahn-Cert)

Modul	Komponenten	Teilsysteme
Interne Fertigungskontrolle	CA	
Interne Entwurfskontrolle mit Produktüberprüfung durch Einzelbegutachtung	CA1	
Interne Entwurfskontrolle mit Produktüberprüfung in unregelmäßigen Abständen	CA2	
EG-Baumusterprüfung	CB	SB
Konformität mit dem Baumuster auf der Grundlage einer internen Fertigungskontrolle	CC	
Qualitätssicherung Produktion	CD	SD
Produktprüfung	CF	SF
Einzelprüfung		SG
Umfassende Qualitätssicherung	CH	
Umfassende Qualitätssicherung mit Entwurfsprüfung	CH1	SH1
Baumustervalidierung durch Betriebsbewährung (Gebrauchstauglichkeit)	CV	

Insbesondere die Öffnungsklausel für Innovationen ermöglicht es den Herstellern, die durch die Verordnung festgelegten Spezifikationen nicht als einzige Lösung zu betrachten, sondern noch nicht normativ erfasste Weiter- und Neuentwicklungen zur Zulassungsreife zu bringen. Alle vorhergehenden Bereiche setzen den Rahmen für eine bezahlbare technische Harmonisierung des Bahnsystems, indem bestehende Investitionsgüter nicht unmittelbar ausgetauscht und erneuert werden müssen.

Mit diesem rechtsetzenden Teil wird **die eigentliche TSI, die sich im Anhang der Verordnung befindet**, in Kraft gesetzt.

Der **inhaltliche Aufbau** dieses Anhangs ist **für alle TSIs identisch**:

- Kap. 1: Anwendungs- und Geltungsbereich

- Kap. 2: Beschreibung des jeweiligen Teilsystems, gegebenenfalls. mit Schnittstellen zu anderen Teilsystemen und deren TSIs

- Kap. 3: Beschreibung der Grundlegenden Anforderungen

- Kap. 4: Beschreibung der technischen bzw. betrieblichen Merkmale des Teilsystems, Schnittstellen zu anderen Teilsystemen und Anforderungen an Betrieb, Instandhaltung oder auch fachliche Kompetenzen

- Kap. 5: dem Teilsystem unterliegende Interoperabilitätskomponenten

- Kap. 6: Methoden und Ablauf der Konformitätsbewertungen

- Kap. 7: Vorschriften für die Umsetzung der jeweiligen TSI mit Sonderfällen

- Anlagen unter anderem mit technischen Details, Hinweisen zur Konformitätsbewertung in Bezug auf Kap. 4, Zusammenfassungen der offenen Punkte und normativen Verweise

8.5 Wesentliche Inhalte der Technischen Spezifikationen Interoperabilität

Im Folgenden werden die strukturellen und funktionalen TSIs kurz vorgestellt, mit Ausnahme der TSI CCS. Deren Vertiefung erfolgt in Abschnitt 8.6, der Beschreibung des ERTMS als Hauptbestandteil der europäisch harmonisierten Zugsicherung und Zugsteuerung. Strukturelle TSIs betreffen die technische Ausgestaltung, also die Struktur des Bahnsystems (LOC&PAS, WAG, NOI, INF, ENE, CCS, PRM und SRT). Die funktionalen TSIs beschreiben den Betrieb, also das Funktionieren des Systems (OPE, TAF und TAP).

8.5.1 TSI LOC&PAS

In der *Verordnung (EU) Nr. 1302/2014 über eine technische Spezifikation für die Interoperabilität des Teilsystems „Fahrzeuge — Lokomotiven und Personenwagen"* werden die Möglichkeiten der technischen Ausgestaltung zur Erfüllung der grundlegenden Anforderungen aus der Interoperabilitätsrichtlinie für

- Verbrennungs-Triebzüge und/oder elektrische Triebzüge
- Verbrennungs-Triebfahrzeuge oder elektrische Triebfahrzeuge
- Reisezugwagen
- mobile Ausrüstungen für den Bau und die Instandhaltung von Eisenbahninfrastrukturen

dargelegt. Eine genaue Definition dieser Fahrzeuge erfolgt in Kap. 2 der TSI.

Von der Anwendung der TSI ausgenommen sind Fahrzeugtypen, die nach Art. 1 der Interoperabilitätsrichtlinie nicht in den Anwendungsbereich der TSIs fallen, also Untergrundbahnen, Straßenbahnen und andere Stadt- und Regionalbahnsysteme sowie Fahrzeuge, die ausschließlich auf Infrastrukturen eingesetzt werden, die in privatem Eigentum stehen und die ausschließlich zur Nutzung durch den Eigentümer für dessen eigenen Güterverkehr vorgesehen sind und schließlich Fahrzeuge, die ausschließlich für den lokal begrenzten Einsatz oder ausschließlich für historische oder touristische Zwecke genutzt werden.

Das Teilsystem Fahrzeuge (Lokomotiven, Personenwagen) verfügt über definierte Schnittstellen zu den Teilsystemen

- Energie
- Infrastruktur
- Verkehrsbetrieb und Verkehrssteuerung
- Zugsteuerung, Zugsicherung und Signalgebung
- Telematikanwendungen für den Personenverkehr.

Für die in Kap. 5 festgelegten Interoperabilitätskomponenten sind die Prüf- und Bewertungsverfahren vorgeschrieben, die sich allerdings im Wesentlichen der normativ vorgegebenen Verfahren bedienen.

Auch wenn die TSI LOC&PAS sehr umfangreich scheint, beschränkt sie sich in ihren Festlegungen sowohl für das Gesamtsystem als auch für die Interoperabilitätskomponenten auf diejenigen Fahrzeugbestandteile, die unmittelbar im interoperablen Einsatz betroffen sind.

8.5.2 TSI WAG

Die *Verordnung (EU) Nr. 321/2013 über die technische Spezifikation für die Interoperabilität des Teilsystems „Fahrzeuge — Güterwagen"* mit ihren Änderungsverordnungen 1236/2013 und 2015/924 gilt für alle neuen Güterwagen, die mit einer maximalen Betriebsgeschwindigkeit von 160 km/h und 25 t maximaler Radsatzlast auf den Regelspurweiten der Mitgliedstaaten fahren (1435 mm, 1524 mm, 1600 mm, 1668 mm). Fahrzeuge für die Spurweite 1520 mm sind ausgenommen, auch wenn sie gelegentlich auf 1524 mm verkehren. Bestandsfahrzeuge fallen dann in den Geltungsbereich der TSI, wenn sie erneuert oder umgerüstet werden.

Ein besonderer Schwerpunkt liegt auf den technischen Bedingungen für den Einsatz von Bremssohlen, vor allem im Hinblick auf die geforderte Umrüstung von Grauguss- auf Verbundstoffsohlen.

Das Teilsystem Fahrzeuge (Güterwagen) verfügt über definierte Schnittstellen zu den Teilsystemen Infrastruktur, Verkehrsbetrieb und Verkehrssteuerung sowie Zugsteuerung, Zugsicherung und Signalgebung.

8.5.3 TSI NOI

Alle Fahrzeuge, die in den Anwendungsbereich der TSI LOC&PAS und der TSI WAG fallen, unterliegen automatisch auch der *Verordnung (EU) Nr. 1304/2014 über die technische Spezifikation für die Interoperabilität des Teilsystems „Fahrzeuge — Lärm".* Die Begrenzung von Lärmemissionen bei Standgeräuschen, Anfahrgeräuschen, Vorbeifahrgeräuschen und Innengeräuschen im Führerstand soll EU-weit gleichermaßen interoperabel erfolgen.

Naturgemäß sind dieser TSI keine Interoperabilitätskomponenten zugeordnet und eine Schnittstelle gibt es nur zum Teilsystem Fahrzeuge.

8.5.4 TSI INF

Unter welchen Bedingungen die europäische Eisenbahninfrastruktur die grundlegenden Anforderungen an das System erfüllen kann, legt *Verordnung (EU) Nr. 1299/2014 über die technische Spezifikation für die Interoperabilität des Teilsystems „Infrastruktur"* fest. Die TSI fokussiert dafür auf die folgenden, für einen interoperablen Betrieb aller TSI-konformen Fahrzeuge relevanten Bereiche:

- Trassierung
- Gleisparameter
- Weichen und Kreuzungen
- Gleislagestabilität gegenüber einwirkenden Lasten
- Stabilität von Tragwerken gegenüber Verkehrslasten
- Soforteingriffsschwellen für Gleislagefehler
- Bahnsteige
- Gesundheit, Sicherheit und Umweltschutz
- Betriebseinrichtungen
- Ortsfeste Anlagen zur Wartung von Zügen

Das Teilsystem Infrastruktur hat naturgemäß Schnittstellen zu allen Teilsystemen. Explizit definiert sind in der TSI aber die Schnittstellen zu den Teilsystemen

- Fahrzeuge
- Energie
- Zugsteuerung, Zugsicherung und Signalgebung
- Verkehrsbetrieb und Verkehrssteuerung
- Menschen mit eingeschränkter Mobilität
- Sicherheit in Eisenbahntunneln.

Besonderen Raum nehmen die Umsetzung dieser TSI sowie die nationalen Sonderfälle ein. Alle Mitgliedstaaten müssen nationale Umsetzungspläne entwickeln, so dass neue oder umgerüstete Strecken den Anforderungen der TSI genügen. Die Sonderfälle beziehen sich zwar größtenteils auf Bahnsteighöhen, je nach Netz und Spurweite kommen aber auch Bogenradien, Lichtraumprofile etc. vor.

8.5.5 TSI ENE

Mit der *Verordnung (EU) Nr. 1301/2014 über die technische Spezifikation für die Interoperabilität des Teilsystems „Energie"* werden die grundlegenden Anforderungen für alle ortsfesten Einrichtungen spezifiziert, die der Fahrstromversorgung der Züge dienen und zur Verwirklichung der Interoperabilität erforderlich sind. Mit einer zuverlässigen Energieversorgung für jeden Zug soll die Einhaltung von Fahrplänen gewährleistet werden. Dafür ist eine unterbrechungsfreie Energieübertragung zum Fahrzeug notwendig. Dieses Zusammenspiel zwischen Oberleitung und Stromabnehmer ist im grenzüberschreitenden Verkehr daher für die Interoperabilität von besonderer Bedeutung.

Das Teilsystem Energie umfasst Unterwerke, Schaltstellen, Trennstrecken, Fahrleitungsanlagen und die Rückstromführung. Damit ergeben sich auch die Schnittstellen zu den Teilsystemen Fahrzeuge, Infrastruktur, Zugsteuerung/Zugsicherung und Signalgebung sowie Verkehrsbetrieb und Verkehrssteuerung. Die Oberleitung ist die einzige Interoperabilitätskomponente dieses Teilsystems und damit auch der entscheidende Faktor im interoperablen Zusammenspiel mit dem Stromabnehmer.

8.5.6 TSI PRM

Ein wichtiger politischer Auftrag[22] der EU ist es, Menschen mit eingeschränkter Mobilität in jeder Form Teilhabe am gesellschaftlichen Leben zu ermöglichen. Daher ist Zugänglichkeit eine der sechs grundlegenden Anforderungen an das System Bahn, die in der Interoperabilitätsrichtlinie bestimmt werden. Da das Gesamtsystem betroffen ist, gilt die *Verordnung (EU) Nr. 1300/2014 über die technischen Spezifikationen für die Interoperabilität bezüglich der Zugänglichkeit des Eisenbahnsystems der Union für Menschen mit Behinderungen und Menschen mit eingeschränkter Mobilität* direkt für mehrere Teilsysteme, nämlich Infrastruktur, Verkehrsbetrieb und Verkehrssteuerung, Telematikanwendungen und Fahrzeuge. Damit sind auch die Schnittstellen gegeben.

Die Festlegungen der TSI betreffen die räumliche Zugänglichkeit wie Rampen, Breite der Zugangswege, Stellplätze für Autos, aber auch Ausstattung der Fahrzeuge und Infrastrukturen (zum Beispiel Beleuchtungen, Sitze, Toiletten) und die audio-visuelle Erfassbarkeit von Informationen durch Hilfsmittel wie Piktogramme oder Ansagen.

8.5.7 TSI SRT

Ein weiteres übergeordnetes Thema ist Tunnelsicherheit, welches mit der *Verordnung (EU) Nr. 1303/2014 über die technische Spezifikation für die Interoperabilität bezüglich der „Sicherheit in Eisenbahntunneln"* abgehandelt wird. Die Spezifikationen gelten für alle neuen, erneuerten und umgerüsteten Tunnel im EU-Eisenbahnnetz. Diese TSI weist Schnittstellen zu den Teilsystemen Infrastruktur, Energie, Fahrzeuge, Verkehrsbetrieb und Verkehrssteuerung sowie Zugsteuerung/Zugsicherung und Signalgebung auf.

Der besondere Fokus liegt auf der Prävention und auf Notfallmaßnahmen im Brandfall. Letzteres erfordert eine besondere Ausbildung des Zugpersonals. Die Tunnel werden gemäß ihrer Länge in drei Kategorien eingeteilt: 1 – 5 km, 5 – 20 km und > 20 km. Tunnel mit einer Länge unter einem Kilometer müssen keine gesonderten Brandschutzmaßnahmen erfüllen. Interoperabilitätskomponenten werden nicht definiert.

8.5.8 OPE TSI

Die *Verordnung (EU) 2015/995 über die technische Spezifikation für die Interoperabilität des Teilsystems „Verkehrsbetrieb und Verkehrssteuerung"* ist die wichtigste der funktionalen TSIs. Sie beschreibt alle Maßnahmen, die für einen interoperablen Betrieb notwendig sind, der gleichzeitig die grundlegenden Anforderungen aus der Interoperabilitätsrichtlinie in ihrem Geltungsbereich gemäß Art. 1 erfüllt. Dies betrifft vor allem

- die Kommunikation zwischen Zugpersonal bzw. Verkehrsunternehmen und Infrastrukturbetreiber,
- EU-weit gültige, gemeinsame betriebliche Vorschriften, insbesondere zur Kennzeichnung von Zügen und im Anwendungsbereich von ERTMS.

---

[22] Die EU sowie viele ihrer Mitgliedstaaten sind Vertragsparteien im Übereinkommen der Vereinten Nationen über die Rechte von Menschen mit Behinderungen. Darin wird Zugänglichkeit als allgemeiner Grundsatz anerkannt und gemäß Art. 9 müssen die Vertragsstaaten geeignete Maßnahmen treffen, um für Menschen mit Behinderungen einen gleichberechtigten Zugang u.a. zu Mobilitätsdienstleistungen zu gewährleisten.

Entsprechend ergeben sich Schnittstellen zu den Teilsystemen

- Infrastruktur
- Zugsteuerung/Zugsicherung und Signalgebung
- Fahrzeuge
- Energie
- Sicherheit in Eisenbahntunneln.

Die betrieblichen Vorschriften und Grundsätze für ERTMS, Anhang A der Verordnung, werden in einem gesonderten Dokument auf der ERA-Website bereitgestellt, um gegebenenfalls unabhängig von der Verordnung an Weiterentwicklungen der ETCS-Baseline oder GSM-R-Versionen angepasst werden zu können.

8.5.9 TAF TSI

Die *Verordnung (EU) Nr. 1305/2014 über die technische Spezifikation für die Interoperabilität zum Teilsystem „Telematikanwendungen für den Güterverkehr"* befasst sich mit harmonisierten Spezifikationen über Informationssysteme zur Verfolgung der Güter und Züge in Echtzeit, Rangier- und Zugbildungssysteme, Buchungssysteme für Zugtrassen, Schnittstellen zu anderen Verkehrträgern und die Erstellung elektronischer Begleitdokumente. Davon ausgenommen sind kommerzielle Abrechnungs- und Fakturierungssysteme.

Damit ergeben sich Schnittstellen zu den Teilsystemen Infrastruktur, Zugsteuerung/Zugsicherung und Signalgebung, Fahrzeuge, Verkehrsbetrieb und Verkehrssteuerung sowie Telematikanwendungen für den Personenverkehr.

Die Verordnung wird durch umfangreiche technische Dokumente ergänzt, mit denen unter anderem Informationsinhalte und -übergabewege definiert werden.

8.5.10   TAP TSI

Die *Verordnung (EU) Nr. 454/2011 über die Technische Spezifikation für die Interoperabilität (TSI) zum Teilsystem „Telematikanwendungen für den Personenverkehr"* mit ihren Änderungsverordnungen regelt die Anforderungen an Systeme für die Information der Fahrgäste vor und während der Reise, Buchungs- und Zahlungssysteme, Gepäckabfertigung, Ausstellung von Fahrkarten am Schalter oder Fahrkartenautomat, per Telefon oder Internet (oder jede andere allgemein verfügbare Informationstechnik) und im Zug sowie das Management von Anschlusszügen und Verbindungen zu anderen Verkehrträgern. Die Einführung der TSI erfolgt in drei Phasen: zunächst werden die detaillierten IT-Spezifikationen festgelegt, dann wird das Datenaustauschsystem entwickelt und schließlich eingeführt.

Die Schnittstellen definieren sich aus dem Anwendungszweck wie für das TAF-System zu den Teilsystemen Infrastruktur, Zugsteuerung/Zugsicherung und Signalgebung, Fahrzeuge, Verkehrsbetrieb und Verkehrssteuerung sowie Telematikanwendungen für den Güterverkehr.

Eine Besonderheit der beiden TAF/TAP TSIs ist die Einrichtung zweier Anlaufstellen, zum einen des *One Stop Shop* für durchgehende Trassenbuchung etc. und zum anderen der nationalen Anlaufstelle für die Überwachung der Einhaltung dieser beiden TSIs.

8.6   European Rail Traffic Management System (ERTMS)

Bereits in den 1980er Jahren, also lange vor dem Inkrafttreten der ersten EU-Interoperabilitätsrichtlinie im Jahr 1996, aber parallel zu der Entwicklung des Konzepts der Transeuropäischen Netze, begannen im Auftrag des Ministerrats der EU-Verkehrsminister die Arbeiten an einem einheitlichen Zuglleit- und -sicherungssystem für Europa, dem European Rail Traffic Management System (ERTMS). Derzeit existieren in Europa über zwanzig nationale Systeme parallel, so dass auf Triebfahrzeugen, die zum Beispiel auf TEN-Korridoren verkehren, bis zu acht verschiedene Antennen mit den zugehörigen Rechnern und Führerraumanzeigen untergebracht werden müssen. Ziel der EU ist es, diese durch ein einheitliches System zu ersetzen und so die Interoperabilität zu stärken, indem der grenzüberschreitende Eisenbahnverkehr erleichtert, eine dichtere Zugfolge und damit attraktivere Trassen ermöglicht werden.

Zunächst unter der Federführung der UIC haben Herstellerindustrie und Betreiber eng zusammengearbeitet, um eine europaweite Vereinheitlichung der Kommunikations-, Signalisierungs- und Leitsysteme zu erreichen. Mit der Veröffentlichung der ersten Interoperabilitätsrichtlinie im Jahr 1996 ist ERTMS in das Teilsystem Zugsteuerung/Zugsicherung und Signalgebung integriert worden. Seit 2002 sind die Spezifikationen zur Erfüllung der grundlegenden Anforderungen in der jeweils gültigen Fassung der **TSI CCS** niedergelegt, derzeit in der *Verordnung (EU) 2016/919 über die technische Spezifikation für die Interoperabilität der Teilsysteme „Zugsteuerung, Zugsicherung und Signalgebung".* Definiert werden darin die Schnittstellen zu den Teilsystemen Verkehrsbetrieb und Verkehrssteuerung, Fahrzeuge, Infrastruktur und Energie.

Die weiterführende Spezifikation erfolgt nicht über Normen, wie bei den anderen Teilsystemen, sondern über technische Systemanforderungsspezifikationen (**SRS** = System Requirements Specifications) und funktionale Anforderungsspezifikationen (**FRS** = Functional Requirements Specifications). Diese werden im Auftrag der Kommission durch das im Jahr 1998 gegründete Industriekonsortium **UNISIG** erarbeitet, parallel dazu erprobt die **ERTMS Users Group**, die sich aus Betreibern zusammensetzt, die Anwendung und Tauglichkeit der entwickelten Systeme. Seit ihrer Arbeitsaufnahme im Jahr 2005 ist die ERA als Aufsichtsbehörde (**ERTMS System Authority**) für das einheitliche Fortschreiben des ERTMS-Regelwerks und das europaweit zu harmonisierende Änderungsmanagement zuständig. Die Erarbeitung der SRS und FRS erfolgt allerdings nach wie vor gemeinsam mit UNISIG und der ERTMS Users Group, aber die Federführung liegt bei der ERA, um die Einheitlichkeit der Anforderungen und der Umsetzung durch eine neutrale, wirtschaftlich nicht involvierte Stelle zu gewährleisten.

ERTMS setzt sich aus zwei Bausteinen zusammen: Der zug- und streckenseitigen Leit- und Sicherungstechnik **European Train Control System ETCS** und dem **digitalen Zugfunk GSM-R**. Die aktuellen Versionen der SRS und FRS sind die im Juli 2016 veröffentlichten **Baseline 3** für ETCS und **Baseline 1** für GSM-R, die über die Homepage der ERA öffentlich zugänglich sind.

Die Umrüstung auf ERTMS verläuft sehr schleppend, was auf hohe Investitionskosten, vor allem für die Infrastruktur, eine variierende Interpretation der technischen Standards und eine fehlende branchenweite Koordination der Projekte zurückzuführen ist. Um dem entgegenzuwirken hat die Kommission gemeinsam mit den Mitgliedstaaten im Juli 2009 einen Entwicklungsplan (**ERTMS Deployment Plan**) verabschiedet.

Zu Beginn der Entwicklungen lag der inhaltliche Fokus auf

- offener Rechnerarchitektur (**EUROCAB**), mit der die Antennen über einen ETCS-Bus mit dem Fahrzeugrechner verbunden sind und die standardisierte Führerstandsanzeige bedient wird,

- diskontinuierlicher Datenübertragung (**EUROBALISE**) mittels passiver Transponder, die ihre Koordinaten übergeben und so als elektronische Kilometersteine wirken oder Signalstellungen übermitteln,

- kontinuierlichem Informationsübertragungssystem (**EURORADIO**) auf Basis von GSM-R zwischen dem Triebfahrzeug und den Betriebszentralen bzw. den örtlichen Sicherungsanlagen.

Später kam noch ein System zur linienförmigen Datenübertragung hinzu (**EUROLOOP**), das ähnlich wie die deutsche Linienzugbeeinflussung (LZB) arbeitet und mit dem die punktförmige Datenübertragung über die Eurobalise ergänzt wird.

8.6.1 Global System for Mobile Communications – Railway (GSM-R)

GSM-R ist ein digitales Zugfunk-System auf der Basis von GSM mit GPRS/EDGE. Die Weiterentwicklungen des GSM-Standards werden im Rahmen der Investitionsmöglichkeiten auch auf GSM-R übertragen, so dass der Zugfunk inzwischen auch im LTE-Standard als LTE-R arbeiten kann. Mit dieser Technik wird es möglich, neben den klassischen Zugfunk-Meldungen und -Informationen GSM-R auch zur Übertragung von ETCS-Daten zu verwenden.

Das sogenannte UIC-Frequenzband für GSM-R wurde in den 1990er Jahren von der CEPT[23] festgelegt und umfasst die Frequenzbereiche 870 – 874 MHz für die Übertragung durch das Mobilgerät und 915 – 919 MHz für die Übertragung durch die Basisstation mit 19 Kanälen (955 – 973). In den einzelnen Ländern weichen die Frequenzbereiche zum Teil geringfügig ab. Nicht jedes beliebige Telefongerät kann verwendet werden, Mobilfunkgeräte und SIM-Karten müssen GSM-R-tauglich ausgerüstet sein.

Die aktuelle TSI CCS enthält die Baseline 1 genannten Spezifikationen, mit der unter anderem die Paket-Übertragung verbessert und die Störungen durch öffentliche Mobilfunknetze verringert werden.

8.6.2 European Train Control System (ETCS)

Mit ETCS sollen die Hauptelemente der Zugsicherung, also Signalisierung, die automatische Bremse und die Geschwindigkeitsüberwachung, harmonisiert werden. Um einen praktikablen Übergang von den nationalen Systemen zu ETCS zu ermöglichen und auch um unterschiedliche Auslastungen einzelner Strecken zu berücksichtigen, sind fünf verschiedene Ausrüstungsgrade (ETCS Level) definiert worden. Neue Fahrzeug- oder Infrastrukturprojekte müssen immer den aktuell in der TSI CCS vorgeschriebenen Grad erfüllen. Damit der Betrieb in der Transitionsphase jedoch uneingeschränkt weiterlaufen kann, müssen die Fahrzeuge abwärtskompatibel und die Strecken gegebenenfalls parallel auch noch mit nationalen Systemen ausgerüstet sein.

Die ETCS-**Fahrzeugeinrichtungen** sind:

- **Euro Vital Computer (EVC)**: Der Fahrzeugrechner EVC verbindet die über Balisen, Euroloop, Drehzahlgeber oder GSM-R eingehenden Informationen mit der Führerstandsanzeige, das heißt, alle notwendigen Informationen, wie beispielsweise auch die Bremskurven, werden vom EVC zur Verfügung gestellt.

- **Driver Machine Interface (DMI)**: Die Führerstandsanzeige verbindet das ETCS-Fahrzeugsystem mit dem Triebfahrzeugführer und ist in den meisten Fällen als LCD Touchscreen ausgeführt, über den der Triebfahrzeugführer sowohl Informationen eingeben als auch sich Informationen visualisieren lassen kann.

- **Train Interface (TI)**: Die Zugschnittstelle verbindet das ETCS-Fahrzeugsystem mit den Fahrzeugsteuerungen, zum Beispiel der Bremssteuerung.

- **Juridical Recording Unit (JRU)**: Der gerichtsfeste Datenschreiber, also die Black Box, speichert die wichtigsten Fahrdaten, um spätere Auswertungen zu ermöglichen.

- **Balise Transmission Module (BTM)**: Die Fahrzeugantenne BTM verarbeitet die periodisch gesendeten Daten der Balise und übergibt sie dem Fahrzeugrechner und umgekehrt.

- **Odometer**: Die Wegmessung erfolgt über Zeitmessung, Drehzahlgeber und Radar, wodurch Geschwindigkeiten, Entfernungen und Beschleunigungen gemessen werden können.

Die ETCS-**Infrastruktureinrichtungen** sind:

- **Eurobalise**: Die Balise braucht als passiver Transponder keine eigene Energieversorgung, sondern erhält eine Energiezufuhr vom überfahrenden Zug, und speichert Informationen zu Geschwindigkeitsbegrenzungen, Positionen (elektronischer Meilenstein), Streckengradienten, Haltepunkten etc.

- **Lineside Electronic Unit (LEU)**: Die streckenseitige Elektronik verbindet das Stellwerk mit den Balisen, um letztere mit entsprechenden Telegrammen zu programmieren.

- **Radio In-fill Unit (RIU)**: Diese nur in ETCS Level 1 verwendete Komponente kann veranlassen, dass die Streckeninformationen bereits über GSM-R an das Fahrzeug gesendet werden, bevor das Fahrzeug die

---

[23] CEPT = Europäische Konferenz der Verwaltungen für Post und Telekommunikation

Eurobalise überfährt, wodurch auch Änderungen schneller zu übermitteln sind (Radio In-Fill findet praktisch jedoch keine Anwendung, da die zugehörige fahrzeugseitige GSM-R-Ausrüstung auch die Fahrt in Level 2 erlaubt).

- **Radio Block Centre (RBC)**: Im ETCS Level 2 dient der RBC dem Informationsaustausch von Stellwerk und Fahrzeug über die GSM-R-Verbindung bezüglich der Position des Zuges in Richtung Stellwerk und der Fahrterlaubnis (movement authority) in Richtung Fahrzeug.

- **Interlocking (Stellwerk)**: Das Stellwerk ist keine ERTMS-Komponente, spielt aber dennoch eine herausragende Rolle im Signalsystem, insbesondere für die Betriebssicherheit durch die Festlegung der Fahrstraßen und die Prüfung auf Widersprüche.

Die Führung des Fahrzeugs durch ETCS bedingt, dass die Fahrterlaubnis (**Movement Authority**) systemgesteuert erfolgt und nicht signalgeführt über den Fahrdienstleiter. Dies ist mit dem Einsatz von ETCS Level 2 erreicht. Eine wichtige Neuerung der Baseline 3 ist die europaweite Vereinheitlichung der Bremskurvenberechnung. Damit können auch die Zugfolgenabstände einheitlich definiert werden.

Die fünf ETCS Level spiegeln die Nutzung von Systemen ohne jegliche Zugbeeinflussung über nationale Systeme bis hin zu der vollen Fahrt unter ETCS Führung wider (Abbildung 15). Die im Folgenden ausführlich darstellten Unterschiede sind in Tabelle 3 noch einmal im Überblick zusammengefasst.

- **Level 0**: Züge, die bereits mit ETCS-Fahrzeugeinrichtungen und damit einer kontinuierlichen Geschwindigkeitsüberwachung ausgerüstet sind, fahren signalgeführt auf nicht-ETCS-ausgerüsteten Strecken oder aber auf Strecken, auf denen das nationale Zugsicherungssystem nicht funktionsfähig ist.

- **Level NTC (seit Baseline 3 so genannt, vorher Level STM genannt)**: Züge, die mit ETCS-Fahrzeugeinrichtungen und damit einer kontinuierlichen Geschwindigkeitsüberwachung ausgerüstet sind, fahren auf einer Strecke mit herkömmlichem nationalen Zugsicherungssystem („Class B-System"[24] wie zum Beispiel LZB). Dafür sind *Specific Transmission Moduls* (STMs) erforderlich, die den Empfang und einen mehr oder weniger großen Teil der Verarbeitung der von der nationalen Streckenausrüstung (*National Train Control* = NTC) übertragenen Informationen übernehmen. Sie sind streckenseitig an die vorhandene Hardware angepasst, zum ETCS-Fahrzeugrechner ist ein standardisiertes Interface definiert. Genau genommen gibt es daher verschiedene Level NTC, nämlich einen für jedes installierte STM. Unter diesen kann der Triebfahrzeugführer gegebenenfalls auswählen. Da die Entwicklung eines STMs teuer und zeitaufwendig ist, existieren derzeit nur für sehr wenige Class B-Systeme echte STMs. Vielmehr werden bereits vorhandene und zugelassene, eigenständige Systeme mit möglichst geringen Änderungen an ETCS angekoppelt und dabei dessen Vorteile (beispielsweise vom ETCS automatisch ausgelöste und überwachte Umschaltungen bei streckenseitigen Level-Wechseln) bei kleinem Neu-Zulassungsaufwand genutzt.

- **Level 1**: Züge, die mit ETCS-Fahrzeugeinrichtungen ausgerüstet sind und damit über eine kontinuierliche Geschwindigkeitsüberwachung verfügen, fahren signalgeführt auf Strecken, die mit Eurobalisen ausgerüstet sind und diskontinuierlich die gespeicherten Infrastrukturinformationen auf den Zug übertragen. Die Überwachung der Zugvollständigkeit und Gleisfreimeldung erfolgt über die nationalen Leit- und Sicherungssysteme.

- **Level 2**: Züge, die mit ETCS-Fahrzeugeinrichtungen und damit einer kontinuierlichen Geschwindigkeitsüberwachung ausgerüstet sind, fahren auf Strecken, die über eine kontinuierliche Informationsübergabe zwischen Fahrzeug und Streckenzentrale (RBC) mittels Euroradio (GSM-R) verfügen. Eurobalisen werden

---

[24] Der Begriff Class-B-System orientiert sich an der Einteilung der nationalen Regelwerke gemäß Interoperabilitätsrichtlinie, da diese Zugsicherungssysteme weder international gelten (Class A) noch für den Betrieb auf einem Netz strikt notwendig sind (Class C).

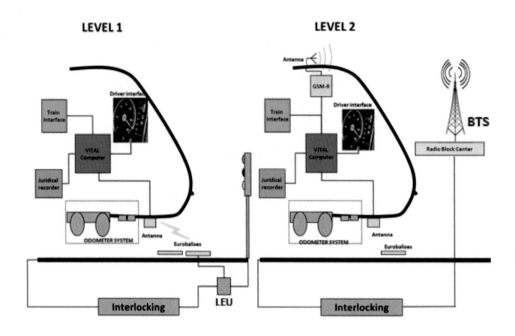

Abbildung 15: Fahrzeug- und streckenseitige Bestandteile der ETCS Level 1 und 2 (© DG MOVE)

zusätzlich als Referenzpunkte auf der Strecke benutzt. Damit kann insgesamt die Streckenauslastung gesteigert werden. Wie in Level 1 erfolgt die Überwachung der Zugvollständigkeit und Gleisfreimeldung über die nationalen Leit- und Sicherungssysteme.

- **Level 3**: Züge, die mit ETCS-Fahrzeugeinrichtungen und damit einer kontinuierlichen Geschwindigkeitsüberwachung ausgerüstet sind, fahren auf Strecken, die auf klassische, ortsfeste Gleisfreimeldung (mit Gleisstromkreisen oder Achszählern) verzichten. Deren Sicherheitsfunktion gegen abgetrennte und unerkannt auf der Strecke verbleibende Zugteile wird von einem noch zu entwickelnden System zur Zugvollständigkeitskontrolle übernommen. Damit entfällt die Einteilung der Strecke in Blockabschnitte, sodass die Streckenzentrale, in der Stellwerk und RBC integriert sind, fließend die Abstände der Züge kontrollieren kann, bis hin zum Fahren im relativen Bremswegabstand. Dieses ermöglicht eine höhere Auslastung viel befahrener Hauptstrecken.

8.7   IRIS Standard

Um auch im heutigen System Bahn mit den neugestalteten Verantwortungsbereichen schon im Vorfeld der behördlichen Genehmigungsverfahren einen eigenen, aber unabhängigen Nachweis mit entsprechenden Bewertungskriterien für qualitativ hochwertige Produkte und einen transparenten Herstellungsprozess liefern zu können, hat die Herstellerindustrie sich im Jahr 2005 einen Standard gegeben: **IRIS – International Railway Industry Standard**.

Es handelt sich um ein Qualitätsmanagementsystem, das den Prinzipien der ISO 9001 folgt, aber gleichzeitig mit eisenbahnspezifischen Besonderheiten aus den Bereichen RAMS, Life Cycle Cost (LCC) und Project Management erweitert wurde. Seit Mai 2017 ist der Standard auch als Norm ISO/TS 22163 veröffentlicht. Aktuell

- haben 1245 Unternehmen ein IRIS Zertifikat erhalten, vielfach auch in China und USA,

- sind etwa 2000 Unternehmen schon im IRIS Portal registriert (was der erste Schritt auf dem Weg zur Zertifizierung ist) und

Tabelle 3: Überblick über die ETCS-Level (aus Grundwissen Bahn)

ETCS-Level	Streckenausrüstung	Fahrzeugausrüstung	Kurzbeschreibung
0	- keinerlei Überwachungssystem oder - nicht-funktionsfähiges Nationales System	- ab ETCS Level 1	Die fahrzeugseitige ETCS-Ausrüstung überwacht den Zug auf seine Höchstgeschwindigkeit, ansonsten erfolgt die Fahrt signalgeführt
NTC (STM)	- Nationale Systeme	- ab ETCS Level 1 - Specific Transmission Module (STM) zwischen nationaler Antenne und EVC	Das STM übersetzt die nationalen Daten für den EVC
1	- Ortsfeste Signale - Gleisfreimeldeeinrichtung - Schaltbare Balisen	- ETCS-Fahrzeugrechner (EVC) - Ortungseinrichtung	Beibehaltung der landesüblichen Signalisierung, kontinuierliche Geschwindigkeitsüberwachung durch das Fahrzeug
2	- Gleisfreimeldeeinrichtung - Nicht schaltbare Balisen - Funkblockzentrale	- ETCS-Fahrzeugrechner (EVC) - Ortungseinrichtung - GSM-R Funkeinrichtung	Mit Hilfe von Radar und Radimpulsgebern an den Fahrzeugachsen wird die genaue Position des Fahrzeugs ermittelt, die Balisen dienen nur noch dem Abgleich
3	- Nicht schaltbare Balisen - Funkblockzentrale	- ETCS-Fahrzeugrechner (EVC) - Ortungseinrichtung - GSM-R Funkeinrichtung - Zugvollständigkeitskontrolle	Keine klassische Gleisfreimeldung mehr, Fahren im Bremswegabstand durch geschwindigkeitsabhängige Führung anstatt Fahren im Blockabstand

- sind 15 Zertifizierungsstellen unter Vertrag genommen worden, in Deutschland zum Beispiel die DEKRA oder die Deutsche Gesellschaft zur Zertifizierung von Managementsystemen mbH (DQS), eine Gründung des DIN und der Deutschen Gesellschaft für Qualität e.V. (DGQ).

Zusätzlich zu der in Deutschland weit verbreiteten IRIS-Zertifizierung sind die Akteure der deutschen Bahnbranche mit Unterstützung des Verkehrsministeriums eine sogenannte **„Qualitätspartnerschaft"** eingegangen. Der gemeinsam entwickelte Leitfaden, der sich am Referenzprozess für die Herstellung von Schienenfahrzeugen orientiert, soll helfen, die Methoden des Quality Engineering in allen Prozessschritten zu verankern. Letztlich soll es ermöglicht werden, auch bei einer breiten Verteilung von Systemhäusern und Sublieferanten stets einen gleichen Qualitätsstandard einkaufen zu können.

8.8 Zertifizierung der Triebfahrzeugführer

Zur Durchsetzung der Interoperabilität gehört auch die Zertifizierung der Triebfahrzeugführer (Tf). Sie soll einen relevanten Beitrag zur Interoperabilität in Europa durch flexiblere Einsatzmöglichkeiten der Zugführer über ein Gemeinschaftsmodell der Zertifizierung leisten. Außerdem soll die Gewährleistung der guten Ausbildung das Sicherheitsniveau erhalten und schließlich auch Neueinsteigern den Markteintritt mit kompetentem Personal ermöglichen.

Die Basis für diese Vorgehensweise ist bereits im Jahr 2004 mit einer Vereinbarung zwischen der Community of European Railways (CER) und der European Transport Federation (ETF) gelegt worden, in der Einsatzbedingungen für fahrendes Personal im interoperablen grenzüberschreitenden Verkehr bestimmt wurden. Daraus sind später die Richtlinie 2007/59/EG und die Verordnung (EU) Nr. 36/2010 abgeleitet worden.

Das Gemeinschaftsmodell für die Tf-Zertifizierung sieht zwei Dokumente vor:

- **Fahrerlaubnis**: persönliche Daten und Gültigkeitsdauer sowie Informationen über die Erfüllung der Mindestvoraussetzungen bezüglich Ausbildung, Kenntnissen und medizinischer Eignung

- **Bescheinigung** (eine oder mehrere): Informationen, auf welcher Infrastruktur welche Fahrzeuge geführt werden dürfen

Die genaue Beschreibung der physischen Beschaffenheit der Dokumente sowie der Anforderungen an deren Erteilung sind in der Verordnung 36/2010 spezifiziert.

Die **Mindestanforderungen** für die Fahrerlaubnis betreffen das Alter, das im grenzüberschreitenden Verkehr mindestens 20 Jahre betragen muss (für rein nationalen Verkehr kann der Mitgliedstaat 18 Jahre festlegen), die Schul- und Berufsausbildung, die physische sowie arbeitspsychologische Eignung und schließlich die Prüfungsmodalitäten. Die Fahrerlaubnis wird von der Nationalen Sicherheitsbehörde erteilt.

Die Anforderungen für die Bescheinigungen betreffen die Sprachkenntnisse, die infrastruktur- und fahrzeugbezogene berufliche Qualifikation sowie Kenntnisse über das SMS des Eisenbahnunternehmens, für das er fährt. Die Bescheinigungen werden von den Unternehmen ausgestellt.

Zur Aufrechterhaltung der Gültigkeit der Dokumente müssen für die Fahrerlaubnis regelmäßige ärztliche Untersuchungen und für die Bescheinigungen Überwachungen der Qualifikation des Tf im Rahmen des SMS des Eisenbahnunternehmens vorgesehen werden. Auch die Nationale Sicherheitsbehörde kann Stichprobenuntersuchungen im laufenden Betrieb vornehmen.

Die Richtlinie regelt auch die Bedingungen für die **Ausbildung und Prüfung** der Tfs. Die Ausbildungsverfahren in den einzelnen Mitgliedstaaten müssen sich einer regelmäßigen Überprüfung unterziehen, um sicherzustellen, dass qualitative Maßstäbe und Grundsätze der Interoperabilität eingehalten werden.

8.9   Quellen und weiterführende Literatur

Alle in diesem Kapitel genannten europäischen Rechtsakte und Veröffentlichungen können anhand ihrer Nummer und Bezeichnung auf der Internetseite des Amts für Veröffentlichungen der Europäischen Union unter http://eur-lex.europa.eu/homepage.html?locale=de in allen zum Zeitpunkt der Veröffentlichung

Grundwissen Bahn, Europa-Fachbuchreihe für gewerblich-technische Bildung, 7. Auflage 2014, Verlag Europa-Lehrmittel, Haan-Gruitten

Homepage der IRIS-Initiative über UNIFE: http://www.iris-rail.org/

ISO/TS 22163:2017 Railway applications — Quality management system — Business management system requirements for rail organizations: ISO 9001:2015 and particular requirements for application in the rail sector; zu erwerben über https://www.beuth.de/de

9   Fahrzeugzulassung

Das **grenzüberschreitende Inverkehrbringen und die Inbetriebnahme von Teilsystemen** und Interoperabilitätskomponenten sind Kernelemente der Interoperabilität in Europa. Hinzu kommt der wichtige Aspekt des Aufrechterhaltens der betrieblichen Sicherheit durch die sichere Integration der Fahrzeuge in die jeweilige Infrastruktur. Aufgrund der nach wie vor bestehenden Unterschiede in der Infrastruktur und auch in der Vorgehensweise der nationalen Zulassungsbehörden ist die Harmonisierung der Anforderungen und Prozesse insbesondere für Schienenfahrzeuge eine komplexe Aufgabe. Die Art. 20 bis 26 der Interoperabilitätsrichtlinie (EU) 2016/797 widmen sich daher diesem Thema, sowohl für TSI-konforme als auch für nicht-TSI-konforme Fahrzeuge.

Mit der Umsetzung des vierten Eisenbahnpakets werden sich die Zuständigkeiten für die Zulassung ändern. Für multinationale Zulassungen übernimmt künftig die ERA die Federführung und wird von den betroffenen nationalen Behörden unterstützt. Für rein nationale Zulassungen liegt die Verantwortung nach wie vor bei der entsprechenden nationalen Behörde. Die vollständige Umsetzung der neuen und Aufhebung der bisherigen Richtlinien muss bis zum 16. Juni 2019 erfolgt sein, bis dahin gilt der bestehende Prozess. Daher werden im Folgenden noch beide Zulassungsverfahren auf Basis der entsprechenden Regelwerke vorgestellt.

Die Vorgaben der Richtlinie 2008/57/EG haben in der Umsetzung noch unterschiedliche Interpretationen durch die nationalen Zulassungsbehörden ermöglicht, die vor allem bei der multinationalen Fahrzeugzulassung häufig zu langen Verzögerungen geführt haben. Um aber die europaweite Harmonisierung des Zulassungsprozesses voranzutreiben hat die Kommission im Jahr 2011 die Empfehlung 2011/217/EU veröffentlicht, in der eine angemessene Vorgehensweise nicht nur für Fahrzeuge, sondern für die Zulassung aller Teilsysteme und Interoperabilitätskomponenten beschrieben wird. Da diese Empfehlung jedoch nicht zu der gewünschten Klarstellung führte, ist sie noch einmal überarbeitet und im Jahr 2014 schließlich in der auch heute noch gültigen Fassung als Empfehlung 2014/897/EU zu Fragen bezüglich der Inbetriebnahme und Nutzung von strukturellen Teilsystemen und Fahrzeugen gemäß den Richtlinien 2008/57/EG und 2004/49/EG veröffentlicht worden.

Diese Empfehlung wird in der Branche auch „DV29bis" genannt, nach der Aktenbezeichnung des Arbeitsdokuments der Kommission. Das „bis"[25] entstand dadurch, dass die erste Empfehlung das Aktenzeichen DV29 hatte. Sie wurde in einer gemeinsamen Arbeitsgruppe aller Branchenvertreter unter Leitung der ERA erarbeitet. Dadurch findet sie branchenweit als Leitfaden für den Zulassungsprozess Anerkennung, auch wenn sie mit dem Status einer Empfehlung von den Mitgliedstaaten nicht in nationales Recht aufgenommen werden muss.

Im Rahmen der Umsetzung des vierten Eisenbahnpakets ist inzwischen jedoch eine Verordnung erarbeitet worden, welche die Inhalte und den Geist der bisherigen Empfehlung für die Fahrzeugzulassung verbindlich werden lassen soll. Diese Durchführungsverordnung (EU) 2018/545 über die praktischen Modalitäten für die Genehmigung für das Inverkehrbringen von Schienenfahrzeugen und die Genehmigung von Schienenfahrzeugtypen tritt analog zu den Verordnungen des Sicherheitsmanagementsystems am 16. Juni 2019 in Kraft, mit der Option für die Mitgliedstaaten nach Art. 57 der Interoperabilitätsrichtlinie (EU) 2016/797 den Umsetzungszeitraum dieser Verordnung um ein Jahr verlängern zu können. Dies müssen die Mitgliedstaaten ebenfalls bis zum 16. Dezember 2018 der Eisenbahnagentur und der Kommission unter Vorlage einer Begründung notifizieren.

In den nachfolgenden Abschnitten werden die gültigen und künftigen Prozesse zur Zulassung von Teilsystemen und Interoperabilitätskomponenten in der Ausführlichkeit dargestellt, die der Bedeutung der Zulassung für einen interoperablen Verkehr im einheitlichen Binnenmarkt zukommt. Dabei werden die Aspekte der Fahrzeugzulassung besonders herausgearbeitet.

---

[25] bis (frz.) = Zugabe, ein zweites Mal (z.B. bei Hausnummern entspricht 10bis dem deutschen 10a)

© Springer Fachmedien Wiesbaden GmbH, ein Teil von Springer Nature 2019
C. Salander, *Das Europäische Bahnsystem*, https://doi.org/10.1007/978-3-658-23496-6_9

9.1 Der große Unterschied zwischen Zulassung und Homologation

Der Begriff **Zulassung** oder auch englisch Authorisation sagt im Grunde klar und unmissverständlich aus, worum es geht. Dennoch wird in der Umgangssprache der Eisenbahner häufig noch der veraltete, auch in der Automobilindustrie nach wie vor geläufige Begriff **Homologation**[26] benutzt. Damit wurde die gegenseitige Anerkennung von Fahrzeugen durch die nationalen Staatsbahnen bezeichnet, die ihrerseits gleichzeitig Behörde zur Zulassung und Anerkennung waren. Es handelte sich um eine Produktabnahme, deren Regeln jede Bahn selbst bestimmen konnte, wobei die gemeinsamen Regelwerke bzw. Übereinkommen wie das RIV, RIC, etc. unbeeinträchtigt gültig waren.

Die Zulassung unterscheidet sich konzeptionell erheblich von der Homologation, denn sie ist eine EU-weit anerkannte rechtliche Voraussetzung für den Zugang zum europäischen Binnenmarkt und keine bilaterale Vereinbarung zwischen Staatsunternehmen oder Behörden. Mit EU-weit gültiger behördlicher Genehmigung, die auf einer genau festgelegten Reihe von Überprüfungen durch die benannte Stelle basiert, kann ein Fahrzeug in Betrieb genommen werden. Der Begriff Zulassung bzw. Authorisation umfasst über die Zulassung von Einzelfahrzeugen hinaus auch die Zulassung von Fahrzeugtypen, auf deren Basis anschließend alle Fahrzeuge mit einer Konformitätserklärung des Herstellers in Betrieb genommen werden können.

Für die Zulassung wird im neuen europäischen Regelwerk bis zum vierten Eisenbahnpaket der Begriff **Inbetriebnahmegenehmigung** (IBG) benutzt, auf Englisch *Authorisation for the Placing in Service*. Mit Inkrafttreten der Interoperabilitätsrichtlinie (EU) 2016/797 wird auch im Bahnsystem der im neuen Rechtsrahmen übliche Begriff des **Inverkehrbringens** (*Authorisation for placing on the market*) eingeführt (vgl. Abschnitt 2.3.2). Darunter wird die erstmalige Bereitstellung eines Produkts auf dem Unionsmarkt verstanden, welche durch einen Hersteller selbst oder ein Einfuhrunternehmen erfolgen kann. In jedem Fall muss die sichere Integration des Fahrzeugs in den Betriebsablauf vom Betreiber im Rahmen seines SMS sichergestellt werden.

9.2 Der kleine Unterschied zwischen Mutual Recognition und Cross Acceptance

Die englischen Begriffe *Mutual Recognition* und *Cross Acceptance* werden im deutschen gleichermaßen mit gegenseitiger Anerkennung übersetzt. Dennoch besteht in der EU-weiten Anwendung der Begriffe ein Unterschied zwischen beiden Konzepten. Der umfassendere Begriff *Mutual Recognition* bezeichnet die gegenseitige Anerkennung von Produktzulassungen nach dem neuen Konzept, bzw. inzwischen nach dem neuen Rechtsrahmen, innerhalb des Binnenmarkts der gesamten EU oder auch von Seiten der EU mit anderen Staaten wie zum Beispiel den USA, Kanada oder China. Damit können Firmen aus diesen letztgenannten Ländern ihre Produkte genauso wie Firmen mit Sitz in der EU im EU-Binnenmarkt platzieren. *Mutual Recognition* ist damit eine entscheidende Voraussetzung für einen funktionierenden europäischen Binnenmarkt.

Cross Acceptance ist als abgeschwächte Variante der *Mutual Recognition* zu verstehen, da Zulassungen nach dem Prinzip der *Cross Acceptance* auf zwischenstaatlichen Vereinbarungen einzelner Mitgliedstaaten beruhen. In diesen wird genau definiert, welche Teile der jeweiligen nationalen Zulassung vom anderen Land anerkannt werden. Im Kontext der Eisenbahnfahrzeuge werden in diesen gegenseitigen Abkommen die zulassungsrelevanten Regelwerke entsprechend des Anhang VII der (alten) Interoperabilitätsrichtlinie (vgl. Abschnitt 6.1) eingeteilt. Alle Zulassungsnachweise zur Einhaltung der Regelwerke aus der Kategorie A können direkt gegenseitig anerkannt, über Regelwerke der Kategorie B muss verhandelt werden. Zur Beschleunigung von Zulassungsverfahren und um Mehrfachprüfungen zu vermeiden, können sich die beteiligten Behörden darauf verständigen, die zu prüfenden Gebiete aufzuteilen und auch für Kategorie-C-Regelwerke die Zulassung des anderen Mitgliedstaates anzuerkennen.

Mit der Umsetzung des vierten Eisenbahnpakets soll der bisher nur empfohlene Einsatz der *Mutual Recognition* zur Stärkung des Binnenmarkts verbindlich werden.

---

[26] Aus dem französischen weltweit eingeführt, basierend auf dem altgriechischen *homologein* = übereinstimmen

9.3 Der aktuelle Zulassungsprozess nach Empfehlung 2014/897/EU

Wie bereits beschrieben befasst sich Empfehlung 2014/897/EU mit den Zulassungsprozessen für alle Teilsysteme und Interoperabilitätskomponenten, der Schwerpunkt liegt aber auf den Fahrzeugen (Abbildung 16). Für diese gilt allerdings spätestens ab Juni 2020 Verordnung (EU) 2018/545 (vgl. Abschnitt 9.4).

9.3.1 Inbetriebnahmegenehmigungen

Teilsysteme

Die IBG von Teilsystemen dient der Anerkennung des Nachweises, dass ein strukturelles Teilsystem den grundlegenden Anforderungen aus Anhang III der Interoperabilitätsrichtlinie entspricht. Dafür wird eine EG-Prüferklärung ausgestellt.

Fahrzeuge und Fahrzeugtypen

Fahrzeuge, für die eine IBG ausgestellt werden soll, setzen sich zum einen aus dem Teilsystem „Fahrzeuge" und zum anderen aus den fahrzeugseitigen Anforderungen des Teilsystems „Zugsteuerung/Zugsicherung und Signalgebung" (CCS) zusammen. Die IBG kann als Kollektivgenehmigung ausgestellt werden. Für die CCS-Einrichtungen können nach derzeitiger Regelung noch nationale Regelwerke (Class B Systems) zugrunde liegen.

Erfüllt ein Fahrzeug alle Anforderungen aus der Interoperabilitätsrichtlinie, kann es mit einer einzigen Zulassung auf allen Strecken der EU fahren, sofern Kompatibilität besteht – also zum Beispiel TSI-konforme Fahrzeuge auf TSI-konformen Netzen.

Die Verfahren für die Zulassung sind EU-weit harmonisiert mit festen Schritten und Fristen, wobei darauf zu achten ist, dass das Regelwerk transparent, nichtdiskriminierend und stabil ist. Letzteres betrifft die Sicherheit für Hersteller, die Fahrzeugkonstruktion auf Basis einer bestimmten Normenlage durchzuführen. Das Regelwerk soll nur dann nationale Vorschriften enthalten, wenn dies in der Interoperabilitätsrichtlinie und den TSI entsprechend vorgesehen ist. Die nationalen Vorschriften müssen der Kommission notifiziert und der Allgemeinheit zur Verfügung gestellt worden sein.

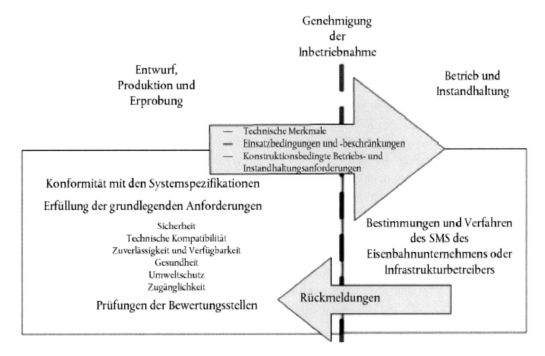

Abbildung 16: Tätigkeiten vor und nach der IBG (aus Empfehlung 2014/897/EU)

Kommt ein nicht-TSI-konformes Fahrzeug zur Zulassung, soll der **Grundsatz der gegenseitigen Anerkennung** (*principle of mutual recognition*) angewendet werden. Darunter wird in diesem Zusammenhang verstanden, dass die Zulassung in einem Mitgliedstaat von den anderen Staaten soweit wie möglich ohne Doppelprüfungen oder dem Aufstellen weiterer unnötiger Anforderungen anerkannt wird. Nur wenn die technische Kompatibilität es unbedingt erfordert, sollten weitere Prüfungen erfolgen bzw. Nachweise eingefordert werden.

Die IBG soll die technischen und betrieblichen Einsatzbedingungen und das vorgesehene Netz berücksichtigen. Die genehmigten technischen Eigenschaften werden von den Herstellern bzw. Auftraggebern angegeben, von den Prüfstellen geprüft und bescheinigt und im der EG-Prüferklärung beigefügten technischen Dossier dokumentiert. Die IBG sollte sich nicht nur auf bestimmte Strecken, Eisenbahnverkehrsunternehmen, Halter oder Instandhalter beziehen.

Die Netz- oder auch Streckenkompatibilität beurteilt ein Eisenbahnverkehrsunternehmen auf der Basis der Infrastrukturmerkmale, zu deren Veröffentlichung die Infrastrukturbetreiber verpflichtet sind. Darüber hinaus dürfen die Infrastrukturbetreiber grundsätzlich keine weitere (betriebliche) Genehmigung für die Fahrzeuge verlangen.

Fahrzeugtypen zeichnen sich dadurch aus, dass die technischen Eigenschaften für alle Fahrzeuge dieses Typs identisch sind. Ist ein Fahrzeugtyp mit der Erstinbetriebnahme des ersten Fahrzeugs zugelassen worden, muss für die weiteren Fahrzeuge eine Konformitätserklärung durch den Hersteller erfolgen, die der IBG für jedes einzelne Fahrzeug entspricht. Bei Typzulassungen in mehreren Ländern gleichzeitig sind die Behörden verpflichtet, im Sinne einer Vereinfachung des Verfahrens und der Minimierung des Verwaltungsaufwandes zusammenzuarbeiten.

Die IBG ist von dem anschließenden Betrieb und der Instandhaltung der Fahrzeuge klar abgegrenzt. Nur so können die Hersteller Fahrzeuge unabhängig vom späteren Betreiber in den Verkehr bringen.

Ortsfeste Einrichtungen

Für ortsfeste Einrichtungen sind die Regelungen in den TSI weniger weit gefasst als für Fahrzeuge. Solange die grundlegenden Anforderungen erfüllt sind und den Inhalten der TSI nicht widersprochen wird, können auch nationale Vorschriften herangezogen werden. Dies betrifft unter anderem elektrische Einrichtungen, Hoch- und Tiefbauregelungen, Gesundheitsschutz- und Brandschutzvorkehrungen.

9.3.2 Grundlegende Anforderungen, TSIs und nationale Vorschriften

Europaweit gültige Vorschriften

Die in Anhang III der Interoperabilitätsrichtlinie festgelegten grundlegenden Anforderungen sind umfassend und abschließend. Eine der grundlegenden Anforderungen ist die technische Kompatibilität. Sie wird als besonders sicherheitskritisch eingestuft. Daher darf dieser Aspekt nicht durch einen Vergleich mit einem Referenzsystem oder einer expliziten Risikoabschätzung beurteilt werden, sondern muss regelbasiert erfolgen, also durch die Einhaltung bestehenden Regelwerks nachgewiesen werden. Dies sind die Regelungen der TSI oder, wo es solche noch nicht gibt, nationale Vorschriften. Dafür ist in den TSI eine genaue Spezifikation der Schnittstellen von Fahrzeug zu Infrastruktur unbedingt erforderlich. Allerdings sollte diese wiederum nur soweit reichen, wie es für die Interoperabilität wirklich notwendig ist.

Die technische Lösung, die zur Erfüllung der grundlegenden Anforderungen gewählt wird, bleibt den Antragstellern überlassen, solange nur die Spezifikationen der TSI oder auch anderer geltender Rechtsvorschriften nicht verletzt werden. Damit sind Innovationen in diesem Rahmen jederzeit möglich.

Das Konzept der TSI und der darin genannten harmonisierten Normen sowie der Konformitätsbewertung entspricht, wie bereits in Abschnitt 8.3 dargestellt, dem neuen Rechtsrahmen. Die Anwendung der Normen ist damit freigestellt, jedoch wird bei ihrer Anwendung von der Konformität mit den grundlegenden Anforderungen ausgegangen, die im Fall der Nicht-Anwendung zusätzlich nachgewiesen werden muss.

Die TSI werden als verbindlich angesehen und ihre Inhalte sind nicht Teil der Überprüfung im Rahmen einer IBG. Falls dennoch Fehler erkannt werden, gibt es ein geregeltes Berichtigungsverfahren, das durch die ERA geführt wird. Die Mitgliedstaaten sind außerdem verpflichtet, ihr nationales Regelwerk an die TSI anzupassen, sofern Widersprüche oder Lücken bestehen.

Prüfung nach nationalen Vorschriften und deren gegenseitige Anerkennung

Nationale Vorschriften, die für die Zulassung von nicht-TSI-konformen Fahrzeugen gelten, die also nicht gemäß Art. 17 der alten Interoperabilitätsrichtlinie in den Geltungsbereich der TSI fallen, sollen dennoch der Erfüllung der grundlegenden Anforderungen gemäß Anhang III Interoperabilitätsrichtlinie und der technischen Kompatibilität zwischen Fahrzeug und Netz dienen. Auch das Zulassungsverfahren soll zur Vermeidung von Ungleichbehandlung ebenso gestaltet werden. Es soll klar getrennt werden, ob die Vorschriften für die Erst-IBG gelten oder für bestehende, erneuerte oder umgerüstete Fahrzeuge.

Nicht-TSI-konforme Fahrzeuge werden von den nationalen Behörden nur bezüglich ihrer Kompatibilität mit dem eigenen Netz geprüft. Um diesen Fahrzeugen ohne erheblichen Aufwand dennoch grenzüberschreitenden Verkehr zu ermöglichen, sollten die weiteren Behörden die Erst-IBG anerkennen, wenn dem Antragsteller der zusätzlichen Genehmigung kein erhebliches Sicherheitsrisiko nachgewiesen werden kann, was durch das Fahrzeug importiert wird.

Werden IBG-Prüfungen gemäß nationaler Vorschriften durchgeführt, sollen diese auch von den anderen Mitgliedstaaten soweit wie möglich nach dem Prinzip der *Mutual Recognition* anerkannt werden. Ausnahmen sollen nur dann erfolgen, wenn entweder die Netzkompatibilität nicht erfüllt ist oder dem Antragsteller ein erhebliches Sicherheitsrisiko nachgewiesen werden kann. Damit sollen unnötige Anforderungen und Doppelprüfungen vermieden werden.

Auch bereits abgeschlossenen Prüfungen, die für zusätzliche Genehmigungen in einem Mitgliedstaat notwendig waren, sollten nicht infrage gestellt werden, sofern sie keinen Bezug zur technischen Kompatibilität haben oder in Kategorie A eingestuft sind. Risikobewertungen sollen trotz fehlender gemeinsamer Risikoakzeptanzkriterien ebenfalls gegenseitig anerkannt werden.

9.3.3 Sichere Integration aller Teilsysteme

Die sichere Integration aller Teilsysteme bedeutet für Fahrzeugprojekte:

- die sichere Integration von Elementen, die zusammen ein Teilsystem bilden, oder von Teilsystemen, die zusammen ein Fahrzeug- oder ein Netzprojekt bilden, oder von Fahrzeugen und Netzmerkmalen (diese Integration sollte bereits vor Erteilung der IBG im Rahmen von Versuchen und Berechnungen erfolgen, damit etwaige Einsatzbedingungen oder -beschränkungen im technischen Dossier festgehalten werden können)

- die sichere Integration von Fahrzeugen in den Betrieb von Eisenbahnverkehrsunternehmen, was auch Schnittstellen zwischen Fahrzeugen und Schnittstellen mit dem Personal, von dem das Teilsystem betrieben wird, sowie die Instandhaltungstätigkeiten einer Instandhaltungsstelle umfasst (dieses ist nicht Teil des IBG-Verfahrens, sondern erfolgt später in der Verantwortung des Betreibers)

- die sichere Integration von Zügen und den spezifischen Merkmalen der befahrenen Strecken (dieses ist ebenfalls nicht Teil des IBG-Verfahrens, sondern erfolgt später in der Verantwortung des Betreibers)

Für Netzprojekte gelten die Definitionen entsprechend.

Versuche

Versuche, die für die Erteilung einer IBG notwendig sind, sollen in den TSI oder anderen relevanten Vorschriften vorgeschrieben sein. Gegebenenfalls können auch Versuche durchgeführt werden, die der Antragsteller festlegt, um die Erfüllung der grundlegenden Anforderungen nachzuweisen oder die im Rahmen der Verfahren der CSM RA notwendig sind.

Dienen die Versuche nicht der Feststellung der Streckenkompatibilität, sind sie nicht Teil der IBG. Versuche nach nationalen Vorschriften müssen mit EU-Recht in Einklang stehen, sowohl technisch, betrieblich als auch administrativ. Versuche, die nicht von einer benannten oder bestimmten Stelle durchgeführt werden, können entweder von einem Eisenbahnverkehrsunternehmen, das im Rahmen seines SMS dafür eine Genehmigung hat, oder einer von der NSA beauftragten Stelle mit nachgewiesener Kompetenz durchgeführt werden. Der Infrastrukturbetreiber muss dafür sorgen, dass die Versuche innerhalb von drei Monaten nach Antragstellung durchgeführt werden können.

Anwendung der CSM RA

Im Wesentlichen erfolgt die Erteilung einer IBG wie oben beschrieben regelbasiert. Für bestimmte Fälle ist jedoch die Anwendung der CSM RA und damit der risikoorientierte Ansatz vorgeschrieben:

- entweder eine TSI oder eine nach Art. 17 der alten Interoperabilitätsrichtlinie geltende nationale Vorschrift schreibt dies für einen bestimmten Aspekt vor,

- oder es ist für die sichere Integration der Teilsysteme nach Art. 15 der alten Interoperabilitätsrichtlinie erforderlich.

Existiert nun für die Vorgehensweise der sicheren Integration oder für die Definition der Erfüllungskriterien keine expliziten technischen Regeln in den TSI, kann die TSI den risikoorientierten Ansatz vorschreiben. Außerdem kann aber auch die Anwendung der CSM RA und ein maximaler Risikowert vorgeschrieben werden. Gibt es weder in den TSI noch nationale Vorschriften für die Integration bei Fahrzeugprojekten, sollte die CSM RA zur Anwendung kommen. Die Integration Fahrzeug-Netz sollte vollständig durch TSI oder nationales Regelwerk abgedeckt sein und von benannten oder bestimmten Stellen geprüft werden. Sind allerdings doch Lücken im nationalen Regelwerk, so kann auch auf nationaler Ebene die Anwendung der CSM RA vorgeschrieben werden.

Betreiberaufgaben im Rahmen des SMS

Die Fähigkeit des Eisenbahnverkehrsunternehmens, das Fahrzeug zu betreiben und instandzuhalten, wird nicht im Rahmen der IBG geprüft, sondern ist Teil seines SMS, zum Beispiel im Rahmen der Prozesse für die Anmeldung von Trassen auf Basis der Infrastrukturinformationen und des technischen Dossiers, das der EG-Prüferklärung beiliegt. Wird das Fahrzeug durch das Eisenbahnverkehrsunternehmen anders eingesetzt, als die vom Hersteller erwirkte IBG das vorgesehen hat, so muss es die CSM RA im Rahmen seines Änderungsmanagements anwenden.

Wird ein Fahrzeug zugelassen, das gemäß spezifischer Betreibervorgaben konstruiert wurde, so werden sich die IBG und betriebliche Integration im Rahmen des SMS höchstwahrscheinlich zeitlich überschneiden. In beiden Fällen ist es dieselbe Behörde, die für die Erteilung der IBG und die Überwachung der Einhaltung der Anforderungen aus dem SMS zuständig ist. Damit ist es eine Frage des Projektmanagements des Betreibers, die Zeitspanne zwischen beiden Tätigkeiten möglichst gering zu halten. Bei der Behörde muss sichergestellt sein, dass die Organisationseinheiten, die für die beiden Tätigkeiten verantwortlich sind, funktional voneinander getrennt sind.

9.3.4 Aufgaben und Zuständigkeiten

Vor Erteilung der IBG muss der **Antragsteller** eine EG-Prüferklärung unterzeichnen, mit der er die Erfüllung aller dafür notwendigen Schritte bescheinigt.

Die **benannten Stellen** stellen die EG-Prüfbescheinigung aus, nachdem sie die Übereinstimmung des Fahrzeugs mit den relevanten TSI und der jeweiligen Schnittstellen mit den anderen Teilsystemen geprüft haben. Über diese Prüfungen wird ein technisches Dossier erstellt. In diesem Sinne handeln auch die **bestimmten Stellen** in Bezug auf die nationalen Vorschriften.

Die **NSA** überprüft für die Erteilung der IBG die Unterlagen auf Vollständigkeit, Relevanz und Kohärenz im Sinne ihrer in der Sicherheitsrichtlinie definierten Aufgaben. Sie soll weder Entwurfslösungen spezifizieren noch Abhilfemaßnahmen für Mängel, die im Rahmen der Aufsichtsfunktion festgestellt wurden, vorschreiben. Sie soll aber darauf achten, dass die Eisenbahnverkehrsunternehmen ihre diesbezüglichen Funktionen im Rahmen ihres SMS erfüllen. Überhaupt sollen alle Aufgaben, die im Rahmen des SMS wahrgenommen und deren Einhaltung durch die Sicherheitsbescheinigungen und -genehmigungen nachgewiesen werden, nicht an anderer Stelle noch einmal geprüft werden. Sie ist kein „Inspektor der Endabnahme" und soll diese Verantwortung auch nicht übernehmen. Sollte festgestellt werden, dass die Erfüllung der grundlegenden Anforderungen nicht gewährleistet ist, kommt das Verfahren nach Art. 19 der Interoperabilitätsrichtlinie zum Zuge. Die Wiederholung von Prüfungen soll vermieden werden, genauso wie eine Wiederholung, Kontrolle oder Validierung der Prüfungen, die bereits von den benannten Stellen, bestimmten Stellen oder den Risikobewertungsstellen durchgeführt wurden.

Praxiserfahrungen mit bereits zugelassenen, vergleichbaren Systemen sollen bei Neuprojekten durch Hersteller und Betreiber berücksichtigt und Fehler vermieden werden. Für die in Betrieb befindlichen Fahrzeuge sollen Änderungen im Rahmen des SMS umgesetzt werden.

Die Zuweisung einer Instandhaltungsstelle zum Fahrzeug erfolgt unabhängig von der IBG und kann auch nach der Erteilung erfolgen.

Auch wenn die **Eisenbahnverkehrsunternehmen** als am besten befähigt angesehen werden, alle betrieblichen Risiken zu beurteilen und zu formulieren, so kann dies nicht in Bezug auf die gesamte Lieferkette von ihnen verlangt werden. Hier sollen die Hersteller entsprechend ihrer Verantwortung eingebunden werden. Sollten Änderungen an Fahrzeugen nach Erteilung der IBG und auch der betrieblichen Integration vorgenommen werden, muss die CSM RA angewendet und gegebenenfalls eine neue IBG erteilt werden. Eine Unterstützung vom Hersteller sollte sichergestellt sein.

Der **Infrastrukturbetreiber** muss die notwendigen aktuellen Informationen zur Strecke zur Verfügung stellen, um eine Beurteilung der technischen Kompatibilität zwischen Fahrzeug und Strecke sicherzustellen. Er führt keine Genehmigungsaufgaben durch. Daraus können sich dann noch zusätzliche Beschränkungen (Zuglänge, Geschwindigkeiten etc.) für den Betrieb ergeben. Bei Differenzen zwischen Verkehrsunternehmen und Infrastrukturbetreiber sollte die NSA entsprechend ihrer Befugnisse eine Entscheidung treffen.

Im Falle von Maßnahmen, die ein **Mitgliedstaat** infolge eines Unfalls oder einer Störung ergreifen will, sollte das SMS der beteiligten Unternehmen das bevorzugte Instrument sein. Beinhaltet die Maßnahme neue Rechtsvorschriften, so müssen diese notifiziert und auf ihre Übereinstimmung mit EU-Recht hin überprüft werden.

9.3.5 Dokumentation

EG-Prüferklärung

Der Antragsteller einer IBG unterzeichnet eine EG-Prüferklärung, der gemäß Art. 18 und Anhang V der alten Interoperabilitätsrichtlinie ein technisches Dossier beiliegen muss. Teil des Dossiers sind die EG-Prüfbescheinigungen der benannten bzw. bestimmten Stellen. Die Erfüllung der grundlegenden Anforderungen wird darin dokumentiert und der Antragsteller übernimmt die Verantwortung dafür, so dass das Eisenbahnverkehrsunternehmen das Fahrzeug sicher in Betrieb nehmen kann. Um dieser Verantwortung nachzukommen, kann der Antragsteller die Methodik der CSM RA verwenden.

Alle beteiligten Akteure (Hersteller, Beschaffer, Halter etc.) müssen allerdings ihre originäre Verantwortung für den von ihnen gelieferten Anteil übernehmen.

Für die Erfüllung der grundlegenden Anforderungen während des Betriebs eines Fahrzeugs ist das Eisenbahnverkehrsunternehmen verantwortlich.

Auch wenn der Antrag auf Erteilung der IBG erst gestellt werden kann, wenn alle Unterlagen vorliegen, ist es sinnvoll bereits zu einem frühen Projektstadium Kontakt mit der Behörde aufzunehmen und die Lösungen zur Erfüllung der grundlegenden Anforderungen vorzustellen.

Technisches Dossier

Das technische Dossier enthält gemäß Anhang V Unterlagen zur Beschreibung des Teilsystems, Unterlagen zu den Prüfungen, die von den, wenn notwendig auch verschiedenen, Prüfstellen durchgeführt wurden, sowie Unterlagen mit allen Angaben über Einsatzbedingungen und -beschränkungen, Wartung, laufende oder periodische Überwachung, Regelung und Instandhaltung für den gesamten Lebenszyklus.

Es enthält alle also Belege, die für die Erteilung der IBG notwendig sind, und seine Erstellung liegt in der Verantwortung des Antragstellers. Es sollte aktualisiert werden, wenn Änderungen oder weitere Prüfungen erfolgen. Das technische Dossier der Erst-IBG muss von der Behörde aufbewahrt werden. Bei weiteren Anträgen auf IBG sollte die erstausstellende Behörde informiert werden.

Der Instandhaltungsstelle muss der Teil des Fahrzeugdossiers zur Verfügung gestellt werden, in dem „alle Angaben über Einsatzbedingungen und -beschränkungen, Wartung, laufende oder periodische Überwachung, Regelung und Instandhaltung" enthalten sind, entweder durch den Antragsteller oder durch den Halter.

Änderungsmanagement

Nimmt der Antragsteller Änderungen am Fahrzeug vor und wirken sich diese auf die Inhalte des technischen Dossiers aus, auch wenn keine grundlegenden Konstruktionsmerkmale des Teilsystems verändert werden, muss das Dossier durch den Antragsteller aktualisiert werden. Sind die Änderungen sehr umfangreich oder summieren sich mehrere kleine Änderungen zu einer umfangreichen, kann eine neue IBG erforderlich werden. Europaweit harmonisierte Kriterien hierfür sind noch nicht vorhanden, sollten aber in den TSI festgelegt werden. Die Änderungen sollten immer in Bezug auf den ursprünglichen Genehmigungszeitpunkt betrachtet werden.

In jedem Fall sind diese Änderungen von denen zu unterscheiden, die die Betreiber veranlassen und im Rahmen ihres SMS mithilfe der CSM RA bewerten. Hierzu gehört auch die Integration eines Fahrzeugs in den Betrieb, das als signifikante Änderung des bestehenden Systems betrachtet werden kann. Auch die Auswirkungen auf das SMS selbst sollten von den Betreibern geprüft werden.

9.4 Der Zulassungsprozess für Fahrzeuge nach Verordnung (EU) 2018/545

Das Inkrafttreten des vierten Eisenbahnpakets erfordert eine Anpassung bzw. Erneuerung der aktuell gültigen Rechtsakte, so auch für den Zulassungsprozess von Teilsystemen und Infrastrukturkomponenten. Das Zulassungsverfahren für Fahrzeuge nach der neuen Durchführungsverordnung ist im Grundsatz unverändert geblieben. Das eigentliche Zulassungsverfahren wird mit der Antragstellung eröffnet. Ebenso wie die vorhergehend beschriebene Empfehlung regelt auch diese Verordnung den Ablauf sowohl der Vorbereitung des Antrags als auch der Prüfungen und Konformitätsbewertungen, um ein reibungsloses Verfahren zu ermöglichen. Allerdings stellt die Veröffentlichung als Verordnung nun die Verbindlichkeit sicher.

Neu ist auch bei der Fahrzeugzulassung vor allem die bereits erwähnte Rolle der ERA als genehmigungserteilende Behörde. Bei ihr wird bis zum 16. Juni 2019 die **zentrale Anlaufstelle** angesiedelt, bei der künftig alle Anträge auf Bescheinigungen und Genehmigungen eingehen sollen. Auch im Falle einer rein nationalen Bescheinigung oder Genehmigung ist der Antrag zunächst bei der ERA einzureichen und wird von dort dann entsprechend weitergeleitet.

9.4.1 Kategorien von Genehmigungen

Antragsteller können **Fahrzeugtypgenehmigungen** und/oder **Genehmigungen für das Inverkehrbringen von (einzelnen) Fahrzeugen** beantragen. Diese Genehmigungen beinhalten die Entscheidung der Genehmigungsstelle, dass die Fahrzeuge oder der Fahrzeugtyp gemäß der dokumentierten Nutzungsbedingungen und etwaiger anderer Beschränkungen im angegebenen Verwendungsgebiet in den Verkehr gebracht und sicher betrieben werden können. Fahrzeuge, die einem genehmigten Fahrzeugtyp entsprechen, dürfen dann ohne weitere Genehmigung in Verkehr gebracht werden.

Als **Genehmigungsstelle** wird die Behörde bezeichnet, welche die Genehmigungen erteilt. Für multinationale Zulassungen ist das die ERA, für nationale Zulassungen kann es die dem Verwendungsgebiet entsprechende NSA sein.

Fahrzeugtypen können zusätzlich Varianten und Versionen aufweisen:

- **Typvarianten** basieren auf einem Fahrzeugtyp, unterscheiden sich jedoch so erheblich, dass sie jeweils einer eigenen Zulassung bedürfen, entweder im Rahmen der Erstzulassung oder bei einer Änderungszulassung des Typs. Nach Art. 21 (12) der Interoperabilitätsrichtlinie wird eine Variante dadurch gekennzeichnet, dass sich die Unterschiede auch in Parameterwerten gemäß TSI oder notifizierten nationalen Regelwerken abbilden und außerhalb der Grenzwerte liegen, oder durch die Unterschiede ein möglicher Verlust des Gesamtsicherheitsniveaus folgen kann oder die relevanten TSI eine zusätzliche Genehmigung für die jeweiligen Unterschiede vorschreiben.

- **Typversionen** sind weitere Bauoptionen von Typen oder Typvarianten, die sich zwar in grundlegenden Konstruktionsmerkmalen, die zu dokumentieren sind, unterscheiden, jedoch keine eigene Genehmigung erfordern.

Die Genehmigungen werden außerdem unterschieden in

- **Erstgenehmigung** eines neuen Fahrzeugtyps auf Basis einer nach Modul SB (vgl. Abschnitt 8.3) erfolgten Baumusterprüfung, auch mit Varianten und Versionen, und/oder einer Genehmigung für das Inverkehrbringen von Fahrzeugen, auch des ersten Fahrzeugs des neuen Fahrzeugtyps im gleichen Verwendungsgebiet,

- **erneute Genehmigung eines Fahrzeugtyps**, wenn sich zwar Bestimmungen in den relevanten TSI oder im notifizierten nationalen Regelwerk geändert haben, das Baumuster jedoch nicht, wobei sich die Prüfung im Rahmen der Erneuerung auf die geänderten Vorschriften beschränkt,

- **Erweiterung des Verwendungsgebietes**, bei Fahrzeugtypen ohne Änderungen im Baumuster,

- **neue Genehmigung** für ein Fahrzeug oder einen Fahrzeugtyp, das oder der im Sinne von Art. 21 (12) der Interoperabilitätsrichtlinie verändert worden ist,

- **Genehmigung auf Grundlage eines Fahrzeugtyps** für das Inverkehrbringen eines Fahrzeugs oder einer Fahrzeugserie, die einem bereits genehmigten Typ entsprechen und für die eine Konformitätserklärung vorliegt.

Bei der Erweiterung des Verwendungsgebietes oder einer neuen Genehmigung muss der Inhaber der Typgenehmigung ermitteln, ob eventuell ein neuer Fahrzeugtyp oder eine neue Variante vorliegt. Ist dies nicht gleichzeitig auch der Antragsteller, so muss in jedem Fall ein neuer Fahrzeugtyp genehmigt werden.

Eine besondere Rolle spielen Zweisystem-Stadtbahnfahrzeuge, die nach nationalen Verfahren zugelassen werden, auch im Falle eines grenzüberschreitenden Verkehrs.

9.4.2 Vorbereitung des Antrags

Formal beginnt die Antragstellung erst mit dem Einreichen des Antrags bei der zentralen Anlaufstelle. Um aber sicherzustellen, dass der Antrag alle notwendigen Unterlagen enthält, also vollständig ist, und die Bearbeitungszeit somit den vorgegebenen Zeitrahmen einhalten kann, regelt die Verordnung auch die Vorbereitung auf die Antragstellung. Im Grunde beginnt die Antragstellung nämlich bereits mit dem Vorhaben, ein neues Fahrzeug oder einen neuen Fahrzeugtyp zu entwickeln oder das Baumuster oder auch das Verwendungsgebiet zu verändern. Aus dieser Vielfalt von Genehmigungen wird auch deutlich, dass nicht nur ein Hersteller, sondern auch Betreiber oder Halter eines Fahrzeugs der Antragsteller sein kann.

Die Zielsetzung des Antragstellers bestimmt also direkt die Art der Genehmigung, von der wiederum die Zusammenstellung der erforderlichen Unterlagen abhängt. Zum Zeitpunkt der Antragstellung muss sichergestellt sein, dass das Fahrzeug alle **grundlegenden Anforderungen** der einschlägigen Rechtsvorschriften erfüllt. Dafür muss der Antragsteller in der Vorbereitungsphase insbesondere diejenigen Regelwerke und Vorgaben ermitteln, mit denen

-   alle Teilsysteme die grundlegenden Anforderungen gemäß Anhang III der Interoperabilitätsrichtlinie an des Fahrzeugs erfüllen,

-   die technische Kompatibilität sowie die sichere Integration der Teilsysteme sichergestellt werden,

-   die technische Kompatibilität des Fahrzeugs mit dem Netz im vorgesehenen Verwendungsgebiet ermöglicht wird.

Existieren zur einer technischen Lösung weder Vorgaben aus den TSI oder aus nationalem Regelwerk, muss das Risikobewertungsverfahren gemäß der CSM RA angewendet werden. Die Erfassung der Anforderungen soll im Einklang mit dem übergeordneten Ziel erfolgen, festgestellte Risiken zu kontrollieren und auf ein vertretbares Maß zu beschränken. Das ist insofern besonders, als dass damit in einer Verordnung niedergeschrieben wird, dass ein Risiko nur beschränkt, nicht aber vollständig eliminiert werden muss.

Bei Änderungen an **Fahrzeugen oder Fahrzeugtypen mit bestehender Genehmigung** muss die sogenannte Änderungsverwaltungsstelle prüfen, welcher der folgenden vier Kategorien die Änderung zuzuordnen ist:

-   Es bestehen keine Abweichungen gegenüber den technischen Unterlagen der bestehenden Genehmigung, damit bleibt diese gültig.

-   Die Änderungen erfordern zwar eventuell neue Konformitätsbewertungen, betreffen jedoch keine grundlegenden Konstruktionsmerkmale im Sinne von Art. 21 (12) der Interoperabilitätsrichtlinie und führen damit zu keiner neuen Genehmigung.

-   Die Änderungen betreffen im Sinne von Art. 21 (12) der Interoperabilitätsrichtlinie zwar grundlegende Konstruktionsmerkmale, erfordern aber keine neue Genehmigung.

-   Die Änderungen betreffen im Sinne von Art. 21 (12) der Interoperabilitätsrichtlinie grundlegende Konstruktionsmerkmale und erfordern eine neue Genehmigung.

Handelt es sich bei der **Änderungsverwaltungsstelle** nicht um den Inhaber der Fahrzeug(typ)genehmigung, also dem früheren Antragsteller, so muss in jedem der drei letzten Fälle ein neuer Fahrzeugtyp erstellt bzw. eine neue Genehmigung erteilt werden und die Änderungsverwaltungsstelle wird zum aktuellen Antragsteller. Allerdings kann das neue Verfahren als Genehmigung auf Grundlage des bestehenden Fahrzeugtyps gestaltet werden. Im Falle von Einzelfahrzeugen muss der Halter die Änderungen dokumentieren.

Die NSAs dürfen, sofern es das nationale Recht erlaubt, **befristete Genehmigungen für Probefahrten** im Netz erteilen. Der Antragsteller muss seinerseits dafür sorgen, dass das Fahrzeug alle dafür relevanten Anforderungen erfüllt.

Der Antragsteller ermittelt außerdem alle voraussichtlichen Nutzungsbedingungen, etwaige Beschränkungen und die relevanten Konformitätsbewertungen gemäß Anhang IV der Interoperabilitätsrichtlinie. Diese Ermittlung kann ergeben, dass anstelle der TSI **nationale Regelwerke** oder Vorschläge der ERA zur Konformitätsbewertung zur Anwendung kommen. Dies betrifft netzspezifische Regelungen ebenso wie offene Punkte oder Mängel in den TSI. Der Antragsteller muss gemeinsam mit den benannten und bestimmten Stellen die entsprechenden Konformitätsnachweise erstellen. Hierbei muss der **Infrastrukturbetreiber** im Rahmen seiner Aufgaben den Antragsteller durch das nichtdiskriminierende Bereitstellen aller relevanten Informationen und dem Ermöglichen von Probefahrten unterstützen.

9.4.3 Vorbereitungsantrag

Eine Neuheit ist das **Konzept des Vorbereitungsantrags**. Der Antragsteller kann auf Wunsch mit der Genehmigungsstelle und gegebenenfalls anderen für das Verwendungsgebiet zuständigen NSAs den Antrag vorbereiten. Die Behörden müssen den Antragsteller dabei unterstützen. Diese Phase soll es ermöglichen, frühzeitig Probleme zu identifizieren und Lösungen zu erarbeiten. Die Probleme werden, analog zur Verordnung über die Erteilung der einheitlichen Sicherheitsbescheinigung in vier Kategorien eingeteilt, ebenfalls in Abhängigkeit von Relevanz und Tragweite und zur Harmonisierung einer gemeinsamen Vorgehensweise von ERA und NSAs.

Das Dossier zum **Vorbereitungsantrag** muss unter anderem bereits eine Beschreibung des Fahrzeug(typ)s, das Verwendungsgebiet, die Methodik zur Erfassung der Anforderungen, den Zeitplan einschließlich möglicher Probefahrten, die voraussichtlichen Nutzungsbedingungen, eine Aufstellung von Anforderungen bei Nicht-Anwendung der TSI und für Probefahrten sowie die Angaben zum Antragsteller selbst beinhalten.

Einen Monat nach der Einreichung des Vorbereitungsantrags entscheiden die beteiligten Behörden über die Vollständigkeit des Antrags. Bei Vollständigkeit des Antrags ergeht spätestens zwei Monate später die **Stellungnahme der Behörden** an den Antragsteller. Sehen die Behörden Änderungsbedarf, übermittelt der Antragsteller eine aktualisierte Fassung des Vorbereitungsantrags und die Fristen laufen von neuem.

Auch die **Antragssprache** wird gegebenenfalls im Behördenstandpunkt festgelegt. Grundsätzlich kann jeder Antrag in allen Amtssprachen bei der zentralen Anlaufstelle eingereicht werden. Sind jedoch NSAs beteiligt, haben diese die Möglichkeit, für bestimmte Teile des Antrags Übersetzungen anzufordern.

Liegt der endgültige Behördenstandpunkt vor, muss der Antragsteller im Laufe der folgenden 84 Monate seinerseits den endgültigen Antrag einreichen.

9.4.4 Konformitätsbewertung

Wie bereits in den Abschnitten 2.3 und 8.3 dargestellt, basiert die Konformitätsbewertung auf den grundlegenden Anforderungen, die mitsamt den Nachweisverfahren aus der Interoperabilitätsrichtlinie, den nachgeordneten Verordnungen über die technischen Spezifikationen und den in den TSI referenzierten Normen und UIC-Merkblättern festgelegt werden. In dieser Verordnung wird klargestellt, dass darüber hinaus weder durch die Genehmigungsstelle noch durch beteiligte NSAs weitere Anforderungen an die Nachweisverfahren gestellt werden dürfen. Nur im Falle begründeter Zweifel können zusätzliche Nachweise verlangt werden.

Werden Nichtkonformitäten zwischen Entwurf oder auch Prototyp und den grundlegenden Anforderungen identifiziert, kann der Antragsteller entweder den Entwurf ändern oder bestimmte Nutzungsbedingungen einführen. Der geänderte Entwurf führt zu einer, auf die Änderungen beschränkten Wiederholung der Vorbereitungsphase mit der Anforderungserfassung. Die Änderung der Nutzungsbedingungen muss von einer Konformitätsbewertungsstelle begleitet und geprüft werden.

Die Konformitätsbewertung kann je nach Teilsystem und Komponente bereits im Entwicklungsstadium beginnen oder auch einen Prototyp eines Fahrzeugs erfordern. Sie erfolgt daher in der Praxis in der Regel während der Vorbereitungsphase.

9.4.5 Antragstellung

Erklärt der Antragsteller die Vorbereitungsphase für beendet, kann er den endgültigen Antrag bei der zentralen Anlaufstelle einreichen. Dabei wählt er gleichzeitig die zuständige Genehmigungsstelle, je nach Verwendungsgebiet die ERA bei multinationalen Zulassungen oder eine NSA bei einer rein nationalen Zulassung. Diese Auswahl ist für das weitere Verfahren verbindlich.

Die Informationen, welche im dem Antrag beigefügten **Dossier** enthalten sein sollen, sind in Anhang I der Verordnung aufgeführt. Sie umfassen die Art des Antrags und des Genehmigungsverfahrens, das Verwendungsgebiet, die Genehmigungsstelle, den Behördenstandpunkt zum Vorbereitungsantrag, Fahrzeug(typ)angaben, eventuell auch bestehende Typgenehmigungen und ihre Nutzungsbedingungen, Angaben zu den ZZS-Anforderungen und allen relevanten TSI mitsamt aller Nachweise und Konformitätsbewertungen sowie auch alle Angaben zum Antragsteller, Kontaktpersonen, aktuelle Inhaber der Fahrzeug(typ)genehmigungen und zu den Bewertungsstellen.

Der Antragsteller bereitet das Dossier in strukturierter Weise auf. Ein Antrag, der alle Unterlagen gemäß Anhang I enthält, gilt als vollständig. Handelt es sich um eine Genehmigung für eine Erweiterung des Verwendungsgebietes, so ist das bereits vorhandene Dossier um die Unterlagen zu ergänzen, welche die technische und betriebliche Kompatibilität mit dem neuen Netzbereich belegen.

9.4.6 Bearbeitung des Antrags

Der Antrag wird bei der zentralen Anlaufstelle eingereicht, die automatisch den Eingang bestätigt. An diesem Tag beginnt die Bewertung. Die **zentrale Anlaufstelle** koordiniert die Kommunikation zwischen Antragsteller, Genehmigungsstelle und beteiligten NSAs. Außerdem teilt sie dem Antragsteller Statusänderungen im Verfahren mit. Dazu registrieren die Behörden die Ergebnisse der einzelnen Stufen des Genehmigungsverfahrens einschließlich der zugehörigen Unterlagen. Schließlich teilt die zentrale Anlaufstelle dem Antragsteller auch den Ausgang des Verfahrens mit.

Die Bearbeitung des Antrags durch die Genehmigungsstelle fängt mit der **Vollständigkeitsprüfung** aller Unterlagen gemäß Anhang I an. Alle durch die Definition des Verwendungsgebietes beteiligten NSAs prüfen die Unterlagen ebenfalls, im Hinblick auf die korrekte Spezifizierung des Verwendungsgebietes und gemäß Anhang III neben anderen Punkten insbesondere auf die Methodik für die Erfassung der relevanten nationalen Vorschriften, für die sichere Integration des Fahrzeug(typ)s und möglicher Veränderungen des Gesamtsicherheitsniveaus, welche jeweils der CSM RA folgen sollte. Außerdem wird die Eignung der Unterlagen für eine ordnungsgemäße Antragsbewertung durchgeführt. Dafür besteht eine Frist von einem Monat.

Ist der Antrag unvollständig, erhält der Antragsteller die Möglichkeit ohne Nennung einer Frist die fehlenden Unterlagen einzureichen. Bei bestätigter Vollständigkeit beginnt die **Bewertung**, die innerhalb einer Frist von vier Monaten abgeschlossen sein muss. Während dieser Zeit können die Genehmigungsstelle oder betroffene NSAs weitere Unterlagen einfordern, ohne aber die Bewertungsfrist zu hemmen. Liegen begründete Zweifel an den Unterlagen vor, für deren Behebung ein längerer Zeitraum benötigt wird, können die Behörden in Abstimmung mit dem Antragsteller die Frist über die vier Monate hinaus verlängern. Dabei müssen der Aufwand für die Beschaffung und die Verlängerung in einem angemessen Verhältnis zueinander stehen.

Ergibt die Vollständigkeitsprüfung grundsätzliche Mängel, wird der Antrag sofort abgelehnt.

Die Bewertung des Antrags hat zum Ziel, dass die Behörden eine **hinreichende Gewähr** erhalten, dass der Antragsteller und ihn unterstützende Akteure wie Zulieferer, Produktionsstätten oder auch benannte und bestimmte Stellen ihre Pflichten und Aufgaben in der Konzeptions-, Herstellungs-, Überprüfungs- und Validierungsphase so erfüllt haben, dass die Erfüllung der grundlegenden Anforderungen der anwendbaren Rechtsvorschriften sichergestellt wird. Damit wird vorausgesetzt, dass ein Fahrzeug(typ) in Verkehr gebracht und **im Verwendungsgebiet sicher betrieben werden kann**, gegebenenfalls mit im Anhang zur Genehmigung festgelegten Nutzungsbedingungen oder anderer Beschränkungen. Liegt diese hinreichende Gewähr nicht vor, so wird der Antrag begründet abgelehnt.

Die **Genehmigungsstelle bewertet den Antrag gemäß Anhang II**, der analog zu Anhang III zum einen auf die Methodik für die Erfassung der relevanten Vorschriften, für die sichere Integration des Fahrzeug(typ)s und möglicher Veränderungen des Gesamtsicherheitsniveaus eingeht, welche jeweils der CSM RA folgen sollte. Zum anderen werden diese Inhalte ebenso wie die EG-Prüferklärungen und -Bescheinigungen und die zugehörigen Unterlagen auf Plausibilität und Vollständigkeit geprüft. Die **NSAs prüfen gemäß Anhang III** über die im Vorfeld erfolgte Vollständigkeitsprüfung hinaus die Unterlagen nun auch inhaltlich auf Vollständigkeit und Plausibilität. Alle Beteiligten erstellen schließlich ein Bewertungsdossier, in dem die Bewertungen zusammengefasst werden, aber auch mögliche Probleme protokolliert werden.

Ebenso wie in der Bewertung des Sicherheitsmanagementsystems werden auch bei der Fahrzeuggenehmigung **Problemfälle** in vier Kategorien eingeteilt, mit denen eine Harmonisierung des Problemverständnisses bzw. der Bewertung der Ernsthaftigkeit eines Problems zwischen der ERA und den NSAs erreicht werden soll. Probleme der Kategorie 1 sind Verständnisfragen und lassen sich mit einer einfachen Antwort des Antragstellers lösen. Probleme der Kategorie 2 erfordern eine Änderungsmaßnahme, die aber im Ermessen des Antragstellers liegt. Probleme der Kategorie 3 führen zu einer Erteilung der Genehmigung mit zusätzlichen Nutzungsbedingungen oder anderen Beschränkungen. Probleme der Kategorie 4 erfordern ein neues Antragsdossier und lassen eine Genehmigung nur nach vollständiger Lösung des Problems zu.

Haben die Behörden begründete Zweifel, also ein **Problem der Kategorie 4** identifiziert, so können sie die Prüfung der Unterlagen vertiefen, weitere Informationen anfordern oder auch Probefahrten durchführen lassen. In jedem Fall muss die Entscheidung begründet werden und eine klare Beschreibung der Sachlage enthalten, auf die der Antragsteller antworten kann und muss. Legt der Antragsteller weitere Unterlagen vor, wird eine Fristverlängerung abgestimmt. Ermöglichen restriktive Nutzungsbedingungen oder andere Einschränkungen dennoch eine Genehmigung und stimmt der Antragsteller dem zu, kann die Genehmigung mit entsprechendem Anhang erteilt werden. Ist der Antragsteller nicht kooperativ, entscheidet die Genehmigungsstelle auf Basis der vorhandenen Informationen.

Hat die Genehmigungsstelle geprüft, dass die Antragsbewertung in Übereinstimmung mit dieser Verordnung, fair und transparent durchgeführt wurde, dass keine offenen Probleme vorliegen und alle Entscheidungen begründet und dokumentiert worden sind, dann entscheidet sie innerhalb einer Woche nach Abschluss der Bewertung über Annahme oder Ablehnung des Antrags. Die **Entscheidung** muss etwaige Nutzungsbedingungen und Beschränkungen sowie eine Begründung der Entscheidung enthalten. Außerdem werden Möglichkeiten und Mittel zur Beschwerde samt der Fristen angeführt.

9.4.7 Erteilung einer Genehmigung

Wird die Genehmigung erteilt, übermittelt die zentrale Anlaufstelle dem Antragsteller die Entscheidung und das Bewertungsdossier. Jede Genehmigung erhält eine eindeutige Europäische Identifikationsnummer. Die Fahrzeug- und Genehmigungsinformationen werden in den entsprechenden europäischen Datenbanken registriert (ERATV und ERADIS). Die Genehmigungsstelle archiviert alle Unterlagen für mindestens 15 Jahre aktiv, danach werden sie in ein historisches Archiv überführt.

Nutzungsbedingungen und Beschränkungen gründen immer auf den grundlegenden Konstruktionsmerkmalen des Fahrzeug(typ)s. Sie dürfen nicht befristet eingefordert werden, es sei denn Konformitätsnachweise konnten vor Erteilung der Genehmigung noch nicht erbracht werden. Allerdings können sie von den ursprünglich vom Antragsteller ermittelten Bedingungen abweichen.

Ist der Antragsteller nicht mit allen Aspekten der Genehmigung einverstanden, kann er zunächst innerhalb eines Monats eine Überprüfung durch die Genehmigungsstelle fordern, später aber auch die Beschwerdestelle der ERA anrufen, die in Abschnitt 9.4.9 beschrieben wird.

Nach Erteilung der Genehmigung ist der Inhaber verpflichtet, für ein Konfigurationsmanagement zu sorgen, mit dem die Dokumentation während des gesamten Lebenszyklus des Fahrzeug(typ)s aktuell gehalten wird.

Die Fahrzeuge können nun von Betreibern im Verwendungsgebiet unter Berücksichtigung aller Bedingungen genutzt werden.

9.4.8 Ablehnung, Aussetzung, Widerruf oder Änderung einer erteilten Genehmigung

Im Falle einer Ablehnung des Antrags oder auch einer späteren Aussetzung, einem Widerruf oder einer Änderung gegen seinen Willen kann der Antragsteller innerhalb eines Monats eine Überprüfung der Entscheidung beantragen.

Eine Aussetzung kann als vorübergehende Sicherheitsmaßnahme von der Genehmigungsstelle ausgesprochen werden. Dies kann auch einen Widerruf oder eine Änderungsanforderung an die Genehmigung zur Folge haben. Die Information wird von der Genehmigungsstelle an die ERA und von dort an alle NSAs übergeben. Die Datenbanken müssen entsprechend aktualisiert werden.

9.4.9 Kooperation zwischen den Behörden

Entscheidend für den Erfolg dieser neuen Vorgehensweise von multinationalen Zulassungen durch die ERA ist eine **geordnete und lösungsorientierte Zusammenarbeit** zwischen Genehmigungsstelle und NSAs.

Die beteiligten NSAs sind unter anderem verpflichtet, sich über das anzuwendende notifizierte nationale Regelwerk und auf eine Klassifizierung zu einigen (vgl. Abschnitt 6.1). NSAs und Genehmigungsstelle müssen die Ergebnisse ihrer Bewertungen miteinander erörtern und über etwaige Nutzungsbedingungen und sonstige Einschränkungen Einigung erzielen. Die Genehmigungsstelle muss die Koordinierungstätigkeiten protokollieren und aktualisieren.

Da jede NSA einen eigenen Bewertungsbericht gemäß Anlage III erstellt, muss die Genehmigungsstelle die Kohärenz zwischen den Berichten prüfen. Ergeben sich Abweichungen, muss entweder durch die Genehmigungsstelle oder von den NSA selbst eine erneute Prüfung erfolgen. Alle beteiligten NSAs erhalten alle Bewertungsberichte. Die Genehmigungsstelle kann den NSAs weitergehende Fragen stellen, um Unklarheiten in den Bewertungsberichten zu beseitigen.

Finden die Genehmigungsstelle und die NSAs im Falle von Konflikten zu keiner Einigung, greift das in der Interoperabilitätsrichtlinie festgelegte **Schiedsverfahren**. Die ERA ist gemäß der aktuellen Agenturverordnung verpflichtet, eine Beschwerdekammer einzurichten. Dort können sich Betroffene gegen Entscheidungen der ERA zur Wehr setzen. Sie dient aber auch als Schiedsgericht im Falle von Uneinigkeiten zwischen ERA und NSAs.

Zur Kooperation zwischen den beteiligten Stellen gehören auch grenzübergreifende Vereinbarungen zwischen den Behörden im Eindringungsverkehr. Damit sollen die Genehmigungen ohne weitere Prüfungen auch für diese kurzen Strecken zu grenznahen Bahnhöfen in benachbarten Mitgliedstaaten gültig sein.

9.5   Der aktuelle Zulassungsprozess in Deutschland

Vor der Umsetzung der Interoperabilitätsrichtlinien und damit der Einführung des neuen Rechtsrahmens in Deutschland sind Fahrzeuge gemäß nationaler Anforderungen und Richtlinien der Deutschen Bundesbahn nach § 32 EBO abgenommen worden. Mit Einführung der TEIV im Jahr 2007 sind die ersten Interoperabilitätsrichtlinien in Form der Zusammenfassung aus konventionellem und Hochgeschwindigkeitsverkehr im Rahmen des zweiten Eisenbahnpakets (Richtlinie 2004/50/EG) zumindest teilweise umgesetzt worden. Danach wurde das Abnahmeverfahren nach § 32 EBO nur noch für solche Fahrzeuge angewendet, die außerhalb des TEN-T auf nationalen Strecken verkehren sollten. Interoperable Fahrzeuge wurden hingegen nach § 6 ff. TEIV zugelassen und inbetriebgenommen.

Die mit der Interoperabilitätsrichtlinie 2008/57/EG und den TSI festgelegte Erweiterung des Geltungsbereiches auf das bestehende Gesamtnetz, im Wesentlichen nur mit Ausnahme der funktional getrennten Netze, hat die Anzahl der abzunehmenden Fahrzeuge weiter eingeschränkt. Diese Weiterentwicklungen des europäischen Rechts sind durch Anpassungen der TEIV berücksichtigt worden. Jedoch ist die Umsetzung in den

Augen der Europäischen Kommission bis heute nicht vollständig, so dass im April 2016 ein Vertragsverletzungsverfahren gegen Deutschland eingeleitet wurde. Beanstandet wurden vor allem zwei Regelungen: zum einen dass die Netze des Regionalverkehrs von der Anwendung der Interoperabilitätsanforderungen ausgenommen sind, zum anderen eine mangelnde Verpflichtung des Fahrwegbetreibers gegenüber dem Antragsteller, wenn zusätzliche Prüfungen erforderlich sind.

Auch wenn der zweite Punkt immer wieder zu Konflikten in Zulassungsverfahren geführt hat, lag es häufig aber durchaus an der langjährigen Dauer von Fahrzeug- und Infrastrukturprojekten, insbesondere mit möglichen Regelwerksänderungen während des Projektverlaufs, dass dieser strukturelle Wandel nicht ohne Schwierigkeiten erfolgen konnte.

9.5.1 Handbuch Eisenbahnfahrzeuge

Diese Situation hat im Jahr 2009 die deutschen Branchenvertreter mit dem EBA und dem Bundesverkehrsministerium[27] an einen gemeinsamen Runden Tisch gebracht, um eine klare und einheitliche Vorgehensweise zu entwickeln. Missverständnisse sollten vermieden und der Zulassungsprozess transparent gestaltet werden. Im Ergebnis ist das **Handbuch Eisenbahnfahrzeuge** erarbeitet worden, das im Jahr 2011 auf der Homepage des Verkehrsministeriums veröffentlicht wurde.

In einem von allen Beteiligten akzeptierten Verfahren sollten damit die Rollen, Pflichten und Verantwortlichkeiten der einzelnen Parteien im Zulassungsprozess transparent und präzise dargestellt werden. Die Festschreibung des Regelwerks über einen Zeitraum von sieben Jahren erlaubt, dass Regelwerksänderungen im Laufe eines Fahrzeugprojekts nicht zu Neukonstruktionen und damit Zeitverzügen führen müssen. Außerdem wurden Regelungswege aufgezeigt, um Probleme in laufenden Zulassungsverfahren effizient lösen zu können.

Die bis dahin im deutschen Recht verwendeten Begriffe Einzelzulassung und Bauartzulassung werden durch die europäischen Begriffe Inbetriebnahmegenehmigung und Typzulassung ersetzt. Neu eingeführt wird das Konzept der **Serienzulassung**. Hat ein Fahrzeug eine Einzelzulassung erhalten, können baugleiche weitere Fahrzeuge im Laufe von sieben Jahren auf Grundlage der Konformitätsbescheinigung des Herstellers ohne weitere individuelle IBG vom Halter betrieben werden dürfen. Damit sollte der IBG-Prozess für alle Seiten flexibilisiert und vereinfacht werden.

Das entscheidend Neue und Vorteilhafte des Handbuches lag in dieser siebenjährigen Regelwerksfestschreibung für Entwicklung und Herstellung der Fahrzeuge, die zusammen mit der siebenjährigen Gültigkeit einer Serienzulassung Herstellern, Haltern und Betreibern nunmehr eine Planungssicherheit über insgesamt 14 Jahre ermöglicht hat.

9.5.2 Memorandum of Understanding (MoU)

Da das Handbuch jedoch nur eine Empfehlung und rechtlich nicht bindend war, haben die Beteiligten an einem zweiten Runden Tisch auf die Verankerung der siebenjährigen Festschreibung des Regelwerks und der Serienzulassung in der TEIV hingearbeitet, die im Jahr 2012 erfolgt ist. Im Folgejahr 2013 wurde zusätzlich ein **Memorandum of Understanding (MoU)** beschlossen, welches den deutschen Zulassungsprozess im Sinne der Interoperabilitätsrichtlinie mit dem Einverständnis aller Beteiligten bereits quasi-verbindlich geregelt hat, bevor eine erneute Änderung der TEIV den Gesetzgebungsprozess durchlaufen sollte. Insofern haben die Regelungen im MoU allerdings nur vorläufigen Charakter während dieser Übergangsphase.

Da bis zu diesem Zeitpunkt in Deutschland noch keine bestimmten Stellen zur Konformitätsprüfung mit dem nationalen Regelwerk benannt waren, regelt das MoU unter anderem ein Verfahren in Anlehnung an EN 17020 zur Benennung solcher Stellen durch das EBA. Die Stelle muss projektunabhängig und weisungsfrei sein, kann aber dem Herstellerunternehmen als Abteilung angehören. Bedingt durch die Vorläufigkeit des

---

[27] in seiner jeweiligen Bezeichnung, u.a. 1998 - 2013 als Bundesministerium für Verkehr, Bau und Wohnungswesen, danach Bundesministerium für Verkehr und digitale Infrastruktur

MoU sind auch die Benennungen der bestimmten Stellen nur vorläufig, daher der umgangssprachliche Name „Interims-DeBo".

Das MoU-Zulassungsverfahren galt zunächst ausschließlich für Vollbahnfahrzeuge, die im Geltungsbereich der Interoperabilitätsrichtlinie fahren und dementsprechend nach TEIV zugelassen werden. Zur Vereinheitlichung der Verfahren von Zulassung und Abnahme hat das EBA im März 2014 allerdings verfügt, dass die Abnahme gemäß EBO nach dem gleichen Verfahren wie die Zulassung gemäß TEIV erfolgt, nur dass natürlich keine Erfüllung von Anforderungen aus den TSI nachgewiesen werden muss. Genau wie bei der Zulassung werden zum einen die Konformitätserklärungen für das nationale Regelwerk und zum anderen die zusätzliche Dokumentation für die vier Fachgebiete Radsatz, Bremse, Fahrtechnik und Leit- und Sicherungstechnik vom Antragsteller eingereicht. Auch die Liste dieses gültigen, anzuwendenden Regelwerks wird vom EBA jeweils in der aktuellen Fassung veröffentlicht.

Außerdem unterscheidet man, ob es sich um öffentliche oder nichtöffentliche Netze und ob es sich um bundes- oder nichtbundeseigene Eisenbahnunternehmen handelt. Die öffentlichen Infrastrukturen sind dabei grundsätzlich Teile des TEN-T. Damit ergeben sich für Deutschland die folgenden drei Zulassungsprozesse für Vollbahnfahrzeuge:

- Fahrzeuge, die auf dem TEN-T verkehren sollen: Zulassung als IBG nach TEIV und MoU

- Fahrzeuge, die außerhalb des TEN-T auf öffentlichen Infrastrukturen eingesetzt werden sollen: Zulassung als Abnahme nach Eisenbahn-Bau- und Betriebsordnung (EBO) und MoU

- Fahrzeuge, die auf nichtöffentlichen Eisenbahninfrastrukturen eingesetzt werden sollen: Zulassung als Betriebserlaubnis nach der Verordnung über den Bau und Betrieb von Anschlussbahnen (BOA)

Für alle drei Fälle gilt, dass die Erteilung der Zulassung für Fahrzeuge von Eisenbahnen des Bundes durch das EBA und für Fahrzeuge von nichtbundeseigenen Eisenbahnen (NE) durch die für die technische Aufsicht zuständige Landesbehörde erfolgt. Einige Landesbehörden haben diese Kompetenz an das EBA bzw. seine Außenstellen in den Bundesländern delegiert. Die zuständige Behörde führt den Zulassungsprozess als Verwaltungsakt durch. Voraussetzung dafür ist, dass der Antragsteller das Vorliegen der Zulassungsvoraussetzungen nachgewiesen hat.

Straßen-, Stadt- und U-Bahnfahrzeuge sowie Oberleitungsbusse werden in Deutschland nach den Vorschriften der Verordnung über den Bau und Betrieb der Straßenbahnen (BOStrab) zugelassen. Im Geltungsbereich der BOStrab wird die Überwachung ebenfalls durch die Landesbehörden für die technische Aufsicht vorgenommen, häufig auch Technische Aufsichtsbehörden (TABs) genannt. Diese Prozesse werden aber hier nicht behandelt.

9.5.3 Eisenbahn-Inbetriebnahmegenehmigungsverordnung (EIGV)

Der im MoU festgelegte Prozess kommt der vollständigen Umsetzung der Richtlinie 2008/57/EG schon sehr nahe. Um diese Regelungen nun auch rechtsverbindlich werden zu lassen, hat der Gesetzgeber eine umfassende Überarbeitung der TEIV durchgeführt. Mit der Neufassung kann die Richtlinie 2008/57/EG endlich als vollständig umgesetzt betrachtet und das Vertragsverletzungsverfahren beendet werden.

Wie schon in Abschnitt 5.2 dargestellt, wird die TEIV künftig durch die EIGV ersetzt. Die im vorhergehenden Abschnitt beschriebene zunehmende **Angleichung der Inbetriebnahme- und Abnahmeverfahren** war ein Grund für die Namensänderung, da in der neuen Verordnung künftig alle Zulassungsverfahren, also sowohl für das TEN als auch für das off-TEN, und nicht nur die interoperablen Inbetriebnahmen geregelt werden.

Mit der EIGV wird in Bezug auf die Fahrzeugzulassung also kein neues Verfahren eingeführt, sondern die Beschlüsse aus dem Handbuch Eisenbahnfahrzeuge und dem MoU gesetzlich verankert. Welche Auswirkungen dieses schließlich auf den Zulassungsprozess im Projektalltag haben wird, muss die praktische Anwendung der Verordnung zeigen.

Auch nach dem Inkrafttreten der EIGV kann während eines Übergangzeitraums bis zum Jahr 2020 jedoch das derzeitige IBG-Verfahren nach TEIV und MoU angewendet werden, und zwar für bereits laufende Projekte. Diese Planungssicherheit gilt auch für die vorläufig benannten bestimmten Stellen, die während der Übergangsphase ihre Projekte zum Ende führen können.

Die endgültige Benennung der benannten und bestimmten Stellen soll nach EIGV durch das EBA erfolgen. Dabei liegen die Anforderungen aus der Interoperabilitätsrichtlinie zugrunde. Bestehende Akkreditierungen schließen allerdings nicht die fachliche Eignung des eingesetzten Personals ein. Diese wird vom EBA gesondert geprüft, ebenso wie die Zuverlässigkeit des Unternehmens oder der Institution. In anderen Mitgliedstaaten reicht für die Benennung durchaus die Akkreditierung durch die staatliche Akkreditierungsstelle aus.

Die Umsetzung des vierten Eisenbahnpaketes wird voraussichtlich weitere Änderungen der EIGV nach sich ziehen, die sich aber vor allem auf die Rolle der ERA als zulassende Behörde beziehen dürften und nicht so sehr auf die Verfahrensschritte für den Antragsteller. Fraglich ist aber, in wie weit die deutsche Regelwerksfestschreibung und die Serienzulassung beibehalten werden können. Die IBG für einen Fahrzeugtyp nach europäischem Recht beginnt mit der Baumusterprüfung, also im Herstellungsprozess zu dem zu diesem Zeitpunkt gültigen Regelwerk ohne explizite vorherige Absicherung ab Planungsbeginn. Danach gilt sie sieben Jahre lang und ermöglicht zwar mit der Konformitätsbescheinigung des Herstellers eine IBG auf Grundlage eines Fahrzeugtyps. Dieser Zeitraum kann aber erheblich eingeschränkt werden, wenn zwischen der Baumusterprüfung und der tatsächlichen Inbetriebnahme des ersten Fahrzeugs einige Jahre liegen. Damit kann die 14jährige Planungssicherheit nach heutigem deutschen Recht aber kaum erreicht werden.

9.5.4 Inbetriebnahmegenehmigung nach TEIV und MoU

Die aktuelle IBG nach §§ 6 ff. TEIV stellt die öffentlich-rechtliche Voraussetzung für die Inbetriebnahme von Fahrzeugen dar. Sie entbindet die Eisenbahnen nicht von ihrer öffentlich-rechtlichen Sicherheitsverantwortung (insbesondere für den Neubau oder Umbau von Fahrzeugen). Die Genehmigung ist nur rechtmäßig, wenn die grundlegenden Anforderungen sämtlich erfüllt und das Fahrzeug daher insoweit sicher ist. Die produkthaftungsrechtlichen Pflichten wie auch alle übrigen zivilrechtlichen Ansprüche der am IBG-Prozess Beteiligten bleiben von den oben genannten öffentlich-rechtlichen Pflichten unberührt.

Erhält ein neu konstruiertes Fahrzeug erstmalig eine IBG, wird von einer Erstabnahme gesprochen. Für später zuzulassende bauartgleiche Fahrzeuge werden so genannte Konformitätsabnahmen und damit automatisch eine IBG erteilt. Für Fahrzeuge, die identisch in Serie gebaut werden, kann eine Serienzulassung erfolgen (im Regelfall mit einer Gültigkeit von sieben Jahren). Eine eigene IBG für die einzelnen Fahrzeuge der zugelassenen Fahrzeugserie ist dann nicht erforderlich. Die Serienzulassung entspricht der europäischen Typzulassung, verzichtet aber auf einzelne Konformitätsbescheinigungen. Der Halter darf die mit der zugelassenen Serie übereinstimmenden Fahrzeuge während der Geltungsdauer der Serienzulassung ohne weitere behördliche Entscheidung in Betrieb nehmen. Außerdem gibt es noch die deutsche Typzulassung, bei der sich die Unterschiede der einzelnen Fahrzeuge eines Typs nicht auf europäische Vorgaben beziehen.

Für die Zulassung muss vom Antragsteller ein Fahrzeugdossier erstellt werden, das aus drei Teilen besteht:

- EG-Prüferklärung und Nachweise einer benannten Stelle (Notified Body), dass alle Anforderungen aus den europaweit gültigen TSI erfüllt sind (europaweit gültig)

- Konformitätserklärung und Nachweise einer bestimmten Stelle (Designated Body), dass nationales und infrastrukturrelevantes Regelwerk (NNTR) eingehalten wird (infrastrukturbezogen gültig)

- Sicherheitsbewertungsbericht der Bewertungsstelle (Assessment Body), dass das Fahrzeug auch in den Teilen, die nicht durch Regelwerk abgedeckt sind oder für die in einer TSI ein Sicherheitsnachweis nach CSM RA gefordert wird, das im europäischen oder gegebenenfalls nationalen Regelwerk vorgegebene Sicherheitsniveau erfüllt (europaweit gültig)

Der Ablauf des Zulassungsprozesses ist in der **Verwaltungsvorschrift Inbetriebnahmegenehmigung** (VV IBG) geregelt, die mit ihren Änderungen das MoU einbezieht, und gliedert sich in vier Schritte:

- **Antragstellung**: Der Antragsteller muss zwar formlos, aber schriftlich eine IBG beantragen, wobei in der Regel gleichzeitig die Serienzulassung beantragt wird. Die notwendigen Angaben sind vorgegeben. Enthält der Antrag alle erforderlichen Angaben, wird vom EBA eine Eingangsbestätigung versandt. Fehlende Angaben werden vom EBA nachgefragt. Mit der Bestätigung übermittelt das EBA die Liste des zum Zeitpunkt der Antragstellung gültigen, zu erfüllenden Regelwerks (EBA-Checkliste, vgl. Abschnitt 6.3). Dies ist das für eine Serienzulassung auf maximal sieben Jahre festgelegte anzuwendende Regelwerk. Das Fahrzeugdossier ist über einen vom EBA betriebenen Server einzureichen, für den projektbezogene Zugriffsrechte erteilt werden.

- **Vereinbarung eines Ablaufplans**: Zwischen Antragsteller und EBA wird ein Ablaufplan vereinbart. Werden vereinbarte Termine durch den Antragsteller nicht eingehalten, erhält er vom EBA eine entsprechende Terminwarnung. Meldet der Antragsteller Abweichungen von den vereinbarten Terminen, so ist ein neuer Ablaufplan zu vereinbaren. Die Termine sind:
  - optional: der Zeitpunkt der Vorlage eines Nachweisplans
  - optional: Termine für Zwischenabstimmungen
  - verpflichtend: geplanter Zeitpunkt der Vorlage der Nachweise und Erklärungen
  - verpflichtend: geplanter Zeitpunkt der IBG

- **Abstimmen eines Nachweisplans**: Zwischen Antragsteller und EBA ist immer dann ein projektspezifischer Nachweisplan abzustimmen, wenn die EBA-Checkliste ergänzt werden soll um
  - Änderungen des technischen Regelwerks in dem Zeitraum zwischen Ausgabestand der EBA-Checkliste und Zeitpunkt der Antragstellung
  - vom Antragsteller vorgeschlagene Lösungen für Regelungslücken oder Unklarheiten in dem für die Zulassung geltenden technischen Regelwerk
  - vom Antragsteller gewählte Nachweise und Nachweisverfahren, soweit erforderlich

- **Antragsbearbeitung**: Der Antragsteller muss gemäß Ablaufplan das oben beschriebene Fahrzeugdossier über den BSCW-Server einreichen. Die Dokumente werden vom EBA auf Vollständigkeit und Plausibilität geprüft. Außerdem muss eine Erklärung zur Einhaltung der anwendbaren Rechtsvorschriften beigefügt werden. Zusätzlich zu den oben genannten Erklärungen müssen für vier gesonderte Fachgebiete alle von der bestimmten Stelle erstellten Nachweise eingereicht werden, die das EBA auf Nachvollziehbarkeit und Belastbarkeit prüft. Diese Fachgebiete sind
  - Radsatz
  - Bremse
  - Fahrtechnik
  - Zugsteuerung, Zugsicherung und Signalisierung (CCS)

Werden im Rahmen der Prüfungen **Mängel in den Dokumenten** festgestellt, wird der Antragsteller vom EBA informiert und gleichzeitig darauf hingewiesen, dass die gesetzlich vorgegebene Bearbeitungsfrist bis zur Behebung dieser Mängel (Einreichung überarbeiteter Dokumentation) gehemmt ist. Dadurch verlängert sich die Frist um die Dauer der Hemmung.

Hat ein Fahrzeug bereits eine **Zulassung in einem anderen EU-Mitgliedstaat** und soll in Deutschland betrieben werden oder soll eine **Zulassung gleichzeitig in mehreren Mitgliedstaaten** erwirkt werden, gelten besondere Bedingungen. Im ersten Fall muss die Vereinbarkeit des Fahrzeugs mit den einschlägigen, nationalen Betriebsbedingungen nachgewiesen werden, insbesondere mit der Energieversorgung, der Zugsteuerung, Zugsicherung und Signalgebung, der Spurweite, dem Lichtraum, der Belastbarkeit des Oberbaus und der Bauwerke. Für den zweiten Fall gelten die bi- und multilateralen Cross-Acceptance-Vereinbarungen.

9.6 Zulassungsverfahren für Luft- und Straßenverkehr

Die Grundstruktur der Zulassungsverfahren für Schienenfahrzeugen ist der von Flugzeugen und Kraftfahrzeugen angeglichen. Allerdings gibt es Unterschiede, die vor allem durch Rahmenbedingungen der Infrastruktur gegeben sind, aber auch durch historische Entwicklungen in der Verteilung von Rollen und Verantwortlichkeiten und der Internationalisierung der Hersteller.

9.6.1 Die Zulassung im Luftverkehr

Bevor ein neu entwickeltes Flugzeug in Betrieb gehen kann, muss es ebenfalls eine Zulassung erhalten. Seit dem Jahr 2003 wird diese von der EASA, der Europäischen Flugsicherheitsbehörde, erteilt, und zwar für die EU und auch für einige europäische nicht-EU-Staaten. Die Zulassung bescheinigt, dass der Flugzeugtyp die Sicherheitsanforderungen der EU erfüllt. Diese Aufgaben können auch von nationalen Flugsicherheitsbehörden wahrgenommen werden, die allerdings in ihrem Handlungsrahmen an die Vorgaben der EASA gebunden sind. In Deutschland ist die nationale Behörde das Luftfahrt-Bundesamt (LBA).

Für die Zulassung von Flugzeugen sind die Verantwortungsbereiche etwas anders aufgeteilt als im Schienenverkehr. So gibt es sogenannte Entwicklungsbetriebe, die für einen definierten Umfang an Neuentwicklungen und Änderungen von der EASA zertifiziert sind. Dokumente, die im Rahmen eines Zulassungsprozesses von einem Entwicklungsbetrieb eingereicht werden, müssen von der EASA nicht mehr geprüft werden.

Außerdem werden von der EASA sogenannte Herstellungsbetriebe zertifiziert, die ohne weitere Prüfung Konformitätserklärungen ausstellen dürfen. Damit fällt die Zwischenstufe über benannte Stellen weg (über bestimmte Stellen sowieso, da es keine zusätzlichen nationalen Regelwerke gibt, gegen die geprüft werden müsste und die eine Einrichtung von bestimmten Stellen rechtfertigen würden).

Die rechtliche Grundlage bildet die Verordnung (EU) Nr. 748/2012 zur Festlegung der Durchführungsbestimmungen für die Erteilung von Lufttüchtigkeits- und Umweltzeugnissen für Luftfahrzeuge und zugehörige Produkte, Bau- und Ausrüstungsteile sowie für die Zulassung von Entwicklungs- und Herstellungsbetrieben. Der Typ-Zulassungsprozess besteht aus vier Stufen:

- **Certification Basis**: Der Flugzeughersteller präsentiert der EASA sein Projekt, wenn davon ausgegangen wird, dass es einen ausreichenden Reifegrad erreicht hat. Daraufhin wird ein projektbezogenes *EASA Certification Team* zusammengestellt und das für den bestimmten Flugzeugtyp relevante Regelwerk, die *Certification Basis*, festgelegt.

- **Certification Programme**: Der Hersteller und die EASA einigen sich auf die Methoden, um die Übereinstimmung des Flugzeugtyps mit jeder einzelnen Anforderung aus der *Certification Basis* nachzuweisen. Das erfolgt zeitgleich zu der Festlegung, in welchem Maße die EASA in den Zertifizierungsprozess eingebunden wird.

- **Nachweis der Konformität**: Diese Phase dauert bei großen Flugzeugen fünf Jahre mit der Option auf Verlängerung und ist damit die längste des gesamten Zulassungsprozesses. Der Hersteller muss die Übereinstimmung seines Produkts mit den Regelwerksanforderungen nachweisen. Struktur, Motoren, Steuerungssysteme, elektrische Anlagen und das Flugverhalten werden in Bezug auf die *Certification Basis* analysiert. Dies geschieht im Rahmen von Bodentests (Festigkeitsnachweise bei Vogelkontakt, Ermüdungstests etc.) oder Flugtests. Die EASA Experten führen eine detaillierte Untersuchung der Nachweisführung durch, teilweise durch Prüfung der Dokumente, teilweise durch Begleitung (und Bezeugung) der Tests.

- **Erteilung der Zulassung**: Wenn der Konformitätsnachweis durch den Hersteller zur Zufriedenheit der Behörde ausgeführt wurde, schließt EASA die Untersuchung und erteilt die Zulassungsbescheinigung. Im Regelfall wird gleichzeitig die Zulassung durch andere Behörden erteilt, zum Beispiel die US-amerikanische FAA und die kanadische TCCA, entsprechend der anzuwendenden bilateralen Flugsicherheitsvereinbarungen zwischen der EU und anderen Ländern. Umgekehrt erteilt auch die EASA Zulassungen für Flug-zeuge, die in einem dieser Länder ihre Erstzulassung erhalten. Eine zusätzliche, eigene Zulassung nach der ersten Typzulassung ist damit nicht mehr erforderlich.

9.6.2 Die Zulassung im Straßenverkehr

Die Erteilung von Typgenehmigungen für Kraftfahrzeuge im Straßenverkehr beruht auf den Vorgaben der Richtlinie 2007/46/EG zur Schaffung eines Rahmens für die Genehmigung von Kraftfahrzeugen und Kraftfahr-zeuganhängern sowie von Systemen, Bauteilen und selbständigen technischen Einheiten für diese Fahrzeuge (Rahmenrichtlinie). Der Begriff Kraftfahrzeuge umfasst Personenkraftwagen, Lastkraftwagen, Kraftomni-busse und deren Anhänger, Fahrzeuge mit besonderer Zweckbestimmung und selbstfahrende Arbeitsma-schinen.

Die Richtlinie regelt außerdem die Grundsätze für die Anfangsbewertung der Hersteller, Akkreditierung und Anerkennung von Prüflaboratorien, Überwachung der Produktion und das Verfahren der Genehmigung von Einzelfahrzeugen, Verkauf und Inbetriebnahme von Teilen oder Ausrüstungen, von denen ein erhebliches Risiko für das einwandfreie Funktionieren wesentlicher Systeme ausgehen kann (Autorisierungsverfahren) sowie den Rückruf von Fahrzeugen.

Die Genehmigungsbehörden sind die nationalen Kraftfahrtbehörden, in Deutschland das Kraftfahrt-Bundesamt (KBA). Die Hersteller sind gegenüber der Behörde für alle Belange des Typgenehmigungsverfahrens und für die Übereinstimmung der Produktion aller weiteren Fahrzeuge desselben Typs verantwortlich. Das KBA benennt Technische Dienste (TD), die alle notwendi-gen Tests durchführen. Eine Liste aller TDs ist auf der KBA Homepage veröf-fentlicht und der Hersteller kann daraus ein Unternehmen wählen. Die TDs haben damit in etwa die Rolle der benannten Stellen, auch hier kann es wegen fehlender nationaler Regelwerke keine bestimmten Stellen geben.

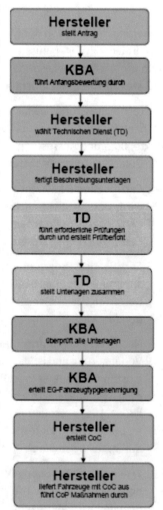

Soll ein Fahrzeug, das in großer Serie hergestellt wird, mit einer EG-Fahrzeugtyp-genehmigung in der EU in den Verkehr gebracht werden, läuft der Prozess ge-mäß Abbildung 17 folgendermaßen ab:

Der Antrag des Herstellers auf Erteilung einer Typgenehmigung beinhaltet un-ter anderem Informationen zur Fahrzeugart, -klasse, -typ und einer Bestäti-gung, dass keine anderweitige Beantragung erfolgte.

Auf diesen Antrag hin führt das KBA eine sogenannte Anfangsbewertung des Herstellers durch, um den Nachweis zu erhalten, dass er in der Lage ist, eine konforme Serienproduktion durchzuführen. Bei Herstellern, die bereits im Zuge einer früheren Antragstellung eine Anfangsbewertung positiv durchlau-fen haben, entfällt diese. Während der Anfangsbewertung können die nächs-ten Schritte bereits durchgeführt werden.

Der Hersteller wählt dann für die notwendigen Typtests einen akkreditierten TD aus der Liste des KBA aus. An diesen übergibt er die von ihm zusammenge-stellte Unterlagenmappe, die vor allem eine Liste der zu erwartenden Prüfbe-richte enthält.

Damit der TD alle notwendigen Prüfungen durchführen kann, legt er die Fahr-zeuge fest, die vom Hersteller vorzustellen sind. Nach Abnahme der Prüfungen erstellt er die Prüfberichte und fügt eine Aufstellung der Prüfergebnisse bei. Diese Unterlagen werden dann zusammen mit dem Antrag des Herstellers vom TD beim KBA eingereicht.

Abbildung 17: Genehmigungs-prozess für Straßenfahrzeuge (© KBA)

Daraufhin prüft das KBA die Unterlagen auf Vollständigkeit, Richtigkeit der angewendeten Stände des Regelwerks, Inhalt und Genehmigungsfähigkeit des Fahrzeugs und seiner Komponenten und erteilt bei positiver Bescheidung die EG-Fahrzeugtypgenehmigung. Diese wird daraufhin an den Hersteller, aber auch an alle Mitgliedstaaten der EU versendet, so dass der Fahrzeugtyp EU-weit zugelassen ist. Im Fall einer Zulassung in einem anderen Mitgliedstaat erhält das KBA die Unterlagen und akzeptiert die Zulassung entsprechend.

Schließlich kann der Hersteller die Fahrzeuge dieses Typs europaweit zulassen, indem er für jedes Fahrzeug eine EG-Konformitätsbescheinigung (CoC = Certificate of Conformity) ausstellt. Er kann die Zulassungsbescheinigung Teil II für die Fahrzeuge ausstellen und führt die notwendigen Maßnahmen für die Produktionsüberwachung durch.

9.7 Quellen und weiterführende Literatur

Alle in diesem Kapitel genannten europäischen Rechtsakte und Veröffentlichungen können anhand ihrer Nummer und Bezeichnung auf der Internetseite des Amts für Veröffentlichungen der Europäischen Union unter http://eur-lex.europa.eu/homepage.html?locale=de in allen zum Zeitpunkt der Veröffentlichung

Bundesministerium für Verkehr (BMVBS): Handbuch Eisenbahnfahrzeuge – Leitfaden für Herstellung und Zulassung, Version A, Berlin 2011

Memorandum of Understanding (MoU) zum Zulassungsprozess für Schienenfahrzeuge in Deutschland: http://www.eba.bund.de/DE/HauptNavi/FahrzeugeBetrieb/Fahrzeuge/Zulassung/Inbetrieb-nahme/MoU/mou_node.html

Verwaltungsvorschrift des Eisenbahn-Bundesamtes zur Inbetriebnahme von Schienenfahrzeugen: https://www.eba.bund.de/DE/Themen/Fahrzeugzulassung/Inbetriebnahme/VV_IBG/vv_ibg_node.html

Homepage der Europäischen Agentur für Flugsicherheit (EASA): https://www.easa.europa.eu/

Homepage des Luftfahrt-Bundesamtes: https://www.lba.de/

Homepage des Kraftfahrt-Bundesamtes: https://www.kba.de/

Wegweiser des Kraftfahrt-Bundesamtes zur EG-Fahrzeugtypgenehmigung nach Richtlinie 2007/46/EG: https://www.kba.de/DE/Typgenehmigung/Zum_Herunterladen/ErteilungTypgenehmigungen/Wegweiser_pdf.pdf?__blob=publicationFile&v=4

Abkürzungsverzeichnis

AEG	Allgemeines Eisenbahngesetz
AEUV	Vertrag über die Arbeitsweise der Europäischen Union (Fassung gemäß des Vertrags von Lissabon)
APTU	Règles uniformes concernant la validation de normes techniques et l'Adoption de Prescriptions Techniques Uniformes applicables au matériel ferroviaire destiné à être utilisé en trafic international
Art.	Artikel
ATMF	Règles uniformes concernant l'admission technique de matériel ferroviaire utilisé en trafic international
AVV	Allgemeiner Vertrag für die Verwendung von Güterwagen
CA	Conformity Assessment (Konformitätsbewertung)
CCS	Control, Command, Signalling (Zugssicherung, Zugsteuerung, Signalisierung)
CEN	Comité Européen de Normalisation (Europäisches Komitee für Normung)
CENELEC	European Committee for Electrotechnical Standardization
CIM	Convention Internationale concernant le transport des Marchandises par chemin de fer
CIV	Convention Internationale concernant le transport des Voyageurs par chemin de fer
COM	European Commission (Europäische Kommission)
COTIF	COnvention relative aux Transports Internationaux Ferroviaires
CSI	Common Safety Indicators (Gemeinsame Sicherheitsindikatoren)
CSM	Common Safety Methods (Gemeinsame Sicherheitsmethoden)
CST	Common Safety Targets (Gemeinsame Sicherheitsziele)
CUI	Règles uniformes concernant le Contrat d'Utilitsation de l'Infrastrucutre en trafic international ferroviaire
CUV	Règles uniformes concernant les Contrats d'Utilitsation de Véhicules en trafic international ferroviaire
DAkkS	Deutsche Akkreditierungsstelle
DB	Deutsche Bundesbahn
DB AG	Deutsche Bahn AG
DIN	Deutsches Institut für Normung e.V.
DG MOVE	General Directorate Mobility and Transport (Generaldirektion Mobilität und Verkehr)
DKE	Deutsche Kommission Elektrotechnik Elektronik Informationstechnik in DIN und VDE
DR	Deutsche Reichsbahn
EA	European Co-operation for Accreditation
EBA	Eisenbahn-Bundesamt
EBC	Eisenbahn-Cert (deutsche benannte Stelle für Konformitätsbewertung der Eisenbahn)
EBO	Eisenbahn-Bau- und -Betriebsordnung

© Springer Fachmedien Wiesbaden GmbH, ein Teil von Springer Nature 2019
C. Salander, *Das Europäische Bahnsystem*, https://doi.org/10.1007/978-3-658-23496-6

EC	European Council (Rat der Europäischen Union)
EC	European Communities (Europäische Gemeinschaften)
ECM	Entity in Charge of Maintenance (Für die Instandhaltung zuständige Stelle)
EFTA	European Free Trade Association (Island, Liechtenstein, Norwegen, Schweiz)
EG	Europäische Gemeinschaften
EIGV	Eisenbahn-Inbetriebnahmegenehmigungsverordnung
EN	Europäische Norm
ENE	Energy (Energie)
EP	European Parliament (Europäisches Parlament)
ERA	European Union Agency for Railways (früher: European Railway Agency)
ERADIS	European European Railway Agency Database of Interoperability and Safety
ERATV	European Register of Authorised Vehicle Types
ERTMS	European Railway Traffic Management System
ETCS	European Train Control System
ETSI	European Telecommunications Standards Instituts
ETV	Einheitliche Technische Vorschriften (im COTIF)
EU	European Union (Europäische Union)
EWG	Europäische Wirtschaftsgemeinschaft
IBG	Inbetriebnahmegenehmigung (Authorisation for the Placing in Service)
IEC	International Electrotechnical Commission
GSM-R	Global System for Mobile Communications – Railway
ILGGRI	International Liaison Group of Government Railway Inspectorates
INEA	Innovation and Networks Executive Agency
INF	Infrastructure (Infrastruktur)
IRIS	International Rail Industry Standard
ISO	International Organization for Standardization
ITU	International Telecommunication Union
KBA	Kraftfahrt-Bundesamt
LBA	Luftfahrt-Bundesamt
LOC&PAS	Locomotives and Passenger coaches (Triebfahrzeuge und Reisendenzugwagen)
NNSR	Notifizierte Nationale Sicherheitsregeln (notified national safety rules)
NNTR	Notifizierte Nationale Technische Regeln (notified national technical rules)
NOI	Noise (Lärm)
NRV	National Reference Values (Nationale Referenzwerte der CST)
NSA	National Safety Authority

NSB	Nationale Sicherheitsbehörden
OCTI	Office Central des Transports Internationaux par chemins de fer à Berne
OPE	Operation and Traffic Management (Verkehrsbetrieb und Verkehrssteuerung)
OSShD	Organisation für Zusammenarbeit zwischen Eisenbahnen (auch OSJD)
OTIF	L'Organisation intergouvernementale pour les Transports Internationaux Ferroviaires
PRM	Persons with reduced mobility (Personen mit eingeschränkter Mobilität)
RA	Risk Assessment (Risikobewertung)
RAMS	Reliability, Availability, Maintainability, Safety (Zuverlässigkeit, Verfügbarkeit, Instandhaltbarkeit, Sicherheit)
RDD	Reference Document Database (Datenbank der Referenzdokumente)
RIA	Regolamento Internazionale delle carrozze Automotrice
RIC	Regolamento Internazionale delle Carrozze
RID	Règlement concernant le transport International ferroviaire de marchandises Dangereuses
RISC	Railway Interoperability and Safety Committee
RIV	Regolamento Internazionale Veicoli
SBB	Schweizerische Bundesbahnen
SERA	Single European Railway Area (Einheitlicher Europäischer Eisenbahnraum)
SIRF	SIcherheitsRichtlinie Fahrzeuge
SMS	Safety Management System (Sicherheitsmanagementsystem)
SRT	Safety in Railway Tunnels (Sicherheit in Eisenbahntunneln)
TAF	Telematic Application for Freight traffic (Telematikanwendungen des Güterverkehrs)
TAP	Telematic Application for Passenger traffic (Telematikanwendungen des Personenverkehrs)
TE	Technische Einheit im Eisenbahnwesen
TEIV	Transeuropäische-Eisenbahn-Interoperabilitätsverordnung
TEN	Transeuropean Network
TEN-T	Transeuropean Network – Transport
Tf	Triebfahrzeugführer
TSI	Technische Spezifikationen Interoperabilität
UIC	Union Internationale des Chemins de Fer
UNECE	United Nations Economic Commission for Europe
UNISIG	Union Industry of Signalling (ERTMS-Entwicklungsgruppe)
VDEV	Verein Deutscher Eisenbahnverwaltungen
VMEV	Verein Mitteleuropäischer Eisenbahnverwaltungen
VPC	Value for Preventing a Casualty (Betrag zur Vermeidung eines Unfallopfers)
WAG	Freight Waggon (Güterwagen)
WTP	Willingness To Pay (Zahlungsbereitschaft zur Vermeidung eines Unfallopfers)

Printed in the United States
By Bookmasters